Gräser im Garten

CALLWEY

Gräser im Garten

Gestaltungsideen, Pflanzenporträts und Pflege

Katharina Adams
unter Mitarbeit von Petra Pelz

Callwey

Inhalt

Aus Natur und Gärten sind Gräser nicht wegzudenken. Mitteleuropäische Landschaften sind zu großen Teilen durch Wiesen und Getreidefelder geprägt, Steppen und Prärien bedecken weite Teile Nordamerikas. In Afrika sind Savannen Lebensraum zahlreicher Großtiere, in Südamerika beherrscht die Pampa ganze Landstriche. Auch in Nordeuropa und -asien ist die Tundra ein prägendes Landschaftselement.

Die Natur als Vorbild

Bunte Wiesen im Frühsommer
An trockeneren Standorten sind Stauden mit grasartigem Laub wie die Graslilie *(Asphodeline)* attraktive Begleiter verschiedener Gräser.

Gräsermeere

Wogende Felder von Horizont zu Horizont – in der Natur prägen Gräser ganze Landschaften und Ökosysteme.

Sowohl Natur als auch Gärten wären ohne Gräser in ihren vielfältigen Erscheinungsformen alles andere als grün. Mitteleuropäische Landschaften sind zu großen Teilen durch Wiesen und Getreidefelder geprägt, die eine wichtige Nahrungsgrundlage für Menschen und Tiere darstellen. Auch in anderen Gebieten der Welt spielen Gräser eine Hauptrolle: In den Steppen und Prärien Amerikas, der Pampa Südamerikas und in den Savannen Afrikas oder den Tundren Nordeuropas und -asiens. Je nach Jahreszeit und Niederschlagsmenge kann es sich um unscheinbare Graswüsten oder üppig grüne, mit zahlreichen blühenden Pflanzen durchsetzte Gräsermeere handeln. Gräser haben sich auf ganz erstaunliche Weise an die unterschiedlichsten Lebensbedin-

gungen angepasst. An den Meeresküsten sorgen sie mit ihrem Wurzelwerk dafür, dass Dünen nicht abgetragen werden und tragen auf diese Weise zum Küstenschutz bei. Reis, das wichtigste Nahrungsmittel für große Teile der Erdbevölkerung, hat sich an die zeitweise Überflutung seines Lebensraums perfekt angepasst.

GRÄSER IM GARTEN

Im Garten lassen sich Gräser fast genauso vielfältig einsetzen wie sie in der Natur beobachtet werden können. Für alle Gartenbereiche und für jeden Standort gibt es passende Gräser, die Arten- und Sortenfülle ist überwältigend. Im Staudenbeet übernehmen hohe Gräser die Aufgabe von Leitstauden, während niedrige, filigrane Arten für das richtige Volumen zwischen den Füllstauden sorgen und eine Verbindung zwischen unterschiedlichen Pflanzen schaffen. Im tiefen Schatten unter Bäumen gedeihen viele Seggen *(Carex)* ohne Probleme, und am Teichrand sorgen Schilfgräser für einen idealen Kontrast zu großblättrigen Sumpfpflanzen. Auch der berühmte Englische Rasen besteht aus Gräsern, ebenso die unterschiedlichen Saatgutmischungen für den normalen Hausgarten.

WIESEN

Umzäunte Flächen, auf denen Kühe oder Schafe grasen, Lichtungen im diffusen Morgenlicht mit äsenden Rehen, Berghänge mit einer aromatischen Mischung aus Gräsern und Kräutern – Wiesen sind ungeheuer vielgestaltig. Die Wiesen unserer Kulturlandschaften haben ihren Höhepunkt im Frühsommer. Dann leuchten die Blüten der typischen Wiesenstauden wie Wiesen-

Wogende Wiesen im Herbst
Im weichen Licht des Spätsommers wechseln die ersten Gräser die Farbe und lassen eine Ahnung von der Farbenpracht des Herbstes aufkommen.

Prärie nach Buschfeuer (links)
Grasbrände gehören zum Lebensrhythmus der nordamerikanischen Prärie.

Stauden der Prärie (rechts)
Die Prärie ist die Heimat zahlreicher Wildstauden, wie dieser *Baptisia bracteata*.

Neuaustrieb im Frühjahr (unten)
Nach dem Winter färben frische Grashalme die trocken-gelbe Prärie ins Frischgrüne um.

Storchschnabel und Wiesen-Salbei, Klatschmohn und Schafgarbe in allen Farben. Nach der ersten Mahd wird die Farbgebung zurückhaltender, aber bis zum Herbst schieben die Stauden immer wieder neue Blüten zwischen den Grashalmen hindurch. Je nach Boden und geografischer Lage finden sich ganz unterschiedliche Begleitstauden ein. Auf feuchten Wiesen findet man zum Beispiel einige Minze-Arten, Beinwell und Hahnenfuß, während Leimkraut, Johanneskraut oder Natternkopf typische Zeigerpflanzen für Trockenwiesen auf Kalkböden darstellen.

Afrikanische Savanne

In der Savanne teilen sich Gräser Platz und Wasser mit kleinen Sträuchern und Bäumen. Sie sind die wichtigste Nahrungsgrundlage für die Großtierherden des afrikanischen Kontinents.

SAVANNEN UND STEPPEN

Typisch für die Savanne, eine Ökozone in den Tropen, sind der offene Bewuchs und die spärlichen Bäume. Savannen sind vor allem in Afrika verbreitet, aber auch in Indien, Australien und Teilen des nördlichen Südamerikas findet man dieses von Gräsern geprägte Ökosystem. Die Savanne stellt eine Verbindung zwischen der Wüste und dem tropischen Regenwald da. Wie in der Prärie spielt Feuer eine wichtige Rolle, denn durch die regelmäßigen Buschbrände wird durch das Absterben junger Bäume der Graswuchs begünstigt. Die verbrannten Pflanzenteile dienen als Nährstoffquelle für die neue Vegetation.

Im Gegensatz zu den tropischen Savannen werden die Graslandschaften in den gemäßigten Zonen der Nord- und Südhalbkugel als Steppe, Prärie, Puszta oder Pampa bezeichnet. Auch sie sind von einem deutlichen Wechsel zwischen Trocken- und Regenzeiten geprägt und vom Feuer. Neben Gräsern sind in der Steppe auch Moose und Flechten, niedrige Heidekrautgewächse und staudenprägende Florenvertreter. Zahlreiche Getreidearten sind ursprünglich Steppenbewohner.

DIE PRÄRIE

Viele Gräser verlangen nach einnem sonnigen Standort mit durchlässigem Boden und sind damit optimale Partner für Stauden für Standorte wie sonnige Freiflächen oder von der Steppe inspirierte Bepflanzungen. Auch der sonnige Gehölzrand gehört zu den Lebensbereichen dieser Gräser. Arten und Sorten, die sich zur Kombination anbieten, sind das Diamantgras *(Calamagrostis brachytricha)* mit zierlichen Blütenständen, in denen morgens Tautropfen wie kleine Diamanten glitzern – nomen est omen – sowie das Reitgras *(Calamagrostis × acutiflora)* mit seinen steif aufrechten Ähren. Es setzt architektonische Akzente und verfärbt sich im Spätsommer zu einem eindrucksvollen Braungelb. Mit großen überhängenden Rispen begeistert das Plattährengras *(Chasmanthium latifolium)*, das sich eher ins Rotbraune verfärbt. Die Ähren des Lampenputzergrases *(Pennisetum alopecuroides)* erinnern an kleine Flaschenbürsten und sind besonders morgens von unvergleichlicher Schönheit, wenn kleine Tautropfen darin funkeln. Besonders die klein bleibende Sorte 'Hameln' eignet sich bestens für den Beetvordergrund. Ebenfalls nicht vergessen darf man das Federgras *(Stipa)*, an dessen Rispen fedrige lange Grannen haften, die sich elegant übergeneigt wie fein zerschlissene Straußen- oder Reiherfedern im Wind wiegen. Die verschiedenen Arten erreichen Halmhöhen zwischen 60 cm und 1,80 m – die Gestaltungsmöglichkeiten sind daher praktisch unbegrenzt.

KARGE WÜSTEN

Um in der Wüste überleben zu können, benötigen Gräser wie alle in diesem Lebensraum gedeihenden Pflanzen vor allem die Fähigkeit, lange Trockenzeiten überstehen zu können. In den kurzen Regenperioden müssen sie in der Lage sein, innerhalb kürzester Zeit wieder Vorräte anzulegen, mit denen sie über die nächste Trockenperiode kommen. Spezielles Wurzelgewebe macht ein Überleben möglich, denn anders als Sukkulenten haben Gräser keine Speicherzellen im Laub oder Stamm. Einige Gräser, zum Beispiel die bis 2 m hoch wachsende *Aristida pungens*, schafft es auf diese Weise, in der Sahara zu überleben, und etliche Arten der Gattung *Stipa* bevölkern die Wüsten und Halbwüsten Nordasiens.

Kalte Wüsten (rechts)
Cortaderia pilosa wächst in der Antarktis und bildet dichte Horste.

Heiße Wüsten (unten)
Selbst in heißen Wüsten finden Gräser ihr karges Auskommen. Ständig stehen sie in Gefahr, von wandernden Dünen verschluckt zu werden.

Moore und Sümpfe

Nebelschleier, von Tau glitzernde Grashalme und sich im Wind wiegende Wollgrasköpfchen – Moore und Sümpfe beherbergen eine Vielzahl unterschiedlicher Gräser.

Kalte Nebel, über niedrige Grasbüschel wabernd, im Hintergrund ein fahl leuchtender Mond, dazu ein leises Gluckern im nassen Untergrund, und vielleicht noch leises Rascheln vorbeihuschender Tiere: das sind die Zutaten für schaurige Legenden und Erzählungen. Moore und Sümpfe gelten als unheimlich, zumal sie sich meist fernab jeglicher Zivilisation befinden. Sie sind aber auch Lebensraum für eine Vielzahl vom Aussterben bedrohter Tier- und Pflanzenarten. Durch Torfabbau sowie Trockenlegung zum Zwecke der landwirtschaftlichen Nutzung stehen den Moorbewohnern heute nur noch begrenzte Flächen zur Verfügung. Charakteristisch für Moore sind die Wollgräser *(Eriophorum)*. Die langen Blütenhüllfäden der Früchte bilden einen wolligweißen Schopf, der den Wollgräsern den Namen verleiht. Neben ihnen finden sich in Mooren und Sümpfen vor allem verschiedene Vertreter der Seggen *(Carex)* und Binsen *(Juncus)*.

Wollgräser (oben)
So weit das Auge reicht sind die wolligweißen Blütenköpfchen von *Eriophorum* an Seeufer zu sehen.

Vorbild Natur am Teich (unten)
Bei dieser Teichrandbepflanzung sind verschiedene Gräser perfekt aufeinander abgestimmt.

Zarter Morgennebel am See (links)
Der Schilfgürtel ist Lebensraum für zahlreiche Vögel und andere Tiere.

Wald und Waldrand

Ob am sonnig trockenen Waldrand oder im tiefen kühlen Schatten zwischen hohen Baumriesen – Gräser besiedeln jede Nische dieses Lebensraums.

Hänge-Segge
Carex pendula setzt im Schatten zwischen verschiedenen Bodendeckern markante Akzente.

Wer beim Waldspaziergang einmal den Blick aus den Baumkronen nimmt und gen Boden sieht, wird dort eine überraschend abwechslungsreiche Vegetation aus verschiedenen Stauden und Kleingehölzen entdecken. Lediglich in sehr dichten Nadelwäldern ist das Licht- und Nährstoffangebot so gering, der Boden durch die dicke Schicht aus saurer Nadelstreu so lebensfeindlich, dass man dort fast nichts mehr findet. Typische Bewohner der mitteleuropäischen Wälder sind Flattergras *(Milium effesum)* und Wald-Zwenke *(Brachypodium pinnatum),* die beide zu den echten Gräsern zählen, sowie etliche Vertreter der Seggen *(Carex),* die zu den so genannten Sauergräsern gehören, und Simsen (Juncaceae) wie zum Beispiel Marbeln *(Luzula).* Auf Lichtungen und an Waldrändern wächst eine Vielzahl an Gräsern in Gesellschaft von typischen Waldrandstauden wie Glockenblume, Storchschnabel und Fingerhut. Auch im Garten lassen sich Gräser der Lebensbereiche Gehölz und Gehölzrand sehr schön mit Stauden aus denselben Lebensbereichen vergesellschaften. Unter frühlingsblühenden Sträuchern wie Rhododendren und Azaleen kommen Teppiche aus niedrigen Gräsern sehr gut zur Geltung, die, mit bodendeckenden Stauden

und Zwiebelblumen durchwebt, sehr natürlich wirken. Hier sind wieder die Seggen erste Wahl, denn unter ihnen finden sich besonders viele immergrüne Arten, die das ganze Jahr für attraktive Aspekte sorgen und besonders in Verbindung mit den ebenfalls immergrünen Rhododendren ihre Stärken ausspielen. Farbe ins Unterholz bringen auch die vielen panaschierten, also mehrfarbigen Sorten. Weiß gestreiftes Laub haben zum Beispiel *Carex morrowii* 'Silver Sceptre' und *Carex ornithopoda* 'Variegata', gelbe Panaschierungen finden sich bei *Carex morrowii* 'Aureomarginata' und *Carex oshimensis* 'Evergold'.

Gräser am Waldrand
Der goldgelbe Austrieb von *Milium effesum* 'Aureum' leuchtet zwischen frühlingsblühenden Stauden und Zwiebelblumen.

Halmwälder

Wälder aus Gräsern? In vielen tropischen Regionen erreichen riesige Bambusarten Wuchshöhen von bis zu 40 m und bilden dichte Wälder.

Bambus gehört botanisch gesehen zur Familie der Gräser, obwohl er in den Katalogen der Gärtnereien und Baumschulen meist als Gehölz geführt wird. Das hängt sicher mit der schnellen Verholzung der im Gegensatz zu vielen Gräsern mehrjährigen Halme zusammen und natürlich mit der Höhe, die viele Bambusarten erreichen können. Man kann also durchaus von Bambuswäldern sprechen. Und mit noch einer Besonderheit wartet dieses Riesengras auf: Bambus blüht nicht jedes Jahr, wie die anderen Gräser, sondern nur sehr selten, wobei dann meist alle Exemplare einer Sorte zur selben Zeit blühen.

Diese Blüte wird vom Gärtner nicht als willkommenes Beiwerk oder Höhepunkt des Wachstums betrachtet, sondern eher als kleine Katastrophe, denn in der Regel sterben die Pflanzen danach ab. Die Bambusblüte bei *Fargesia murielae* vor etlichen Jahren führte dazu, dass fast alle Pflanzen in den Gärten und Parks Europas zugrunde gingen, denn sie stammten überwiegend aus vegetativer Vermehrung von einer einzigen Elternpflanze ab. Innerhalb kurzer Zeit gab es fast keine Exemplare mehr, und die wenigen noch vorhandenen waren praktisch unverkäuflich, denn sie konnten jederzeit zur Blüte gelangen. Inzwischen sind aus dem entstandenen Saatgut neue Pflanzen herangewachsen und gute Sorten ausgelesen worden, die nun wiederum vegetativ vermehrt werden. Bis zur nächsten Blüte dürften einige Jahrzehnte vergehen, abgesehen davon ist die Sortenvielfalt nun um ein Mehrfaches größer, sodass wahrscheinlich nicht alle zur gleichen Zeit blühen werden.

Neben den hohen Bambusarten mit Gehölzcharakter gibt es auch klein- und zwergwüchsige Arten, die man vom Habitus und Charakter eher als Gräser definieren kann. Sie lassen sich hervorragend als Bodendecker auch auf größeren Flächen einsetzen und auch für niedrige Hecken sind einige von ihnen hervorragend geeignet.

DIE SCHÖNHEIT DER HALME

Hohe Bambusarten faszinieren besonders durch ihre Halme, selbst einige der in Mitteleuropa winterharten Arten erreichen Höhen von bis zu 15 m und einen Durchmesser von über 10 cm. Typisch ist die Unterteilung in Segmente, die durch Wulste, so genannte Nodien, abgetrennt werden. Dadurch entsteht ein Eindruck von Querstreifen. Aus den Nodien heraus wachsen Stängel mit Blättern. Es sind aber nicht nur diese Nodien oder Knoten an den Halmen, die dekorativ wirken und die bei jeder Art anders angeordnet sind, es sind auch die Halme selbst von hohem Zierwert. Oft sind sie mehrfarbig, manchmal gestreift, gepunktet oder wie mit Pinselstrichen von Künstlerhand betupft. Manche Arten und Sorten haben auch rote, orangefarbene, gelbe oder schwarze Halme. Diese können im Jugendstadium weiß, gräulich oder bläulich bereift sein oder im Laufe ihrer Entwicklung mehrmals die Farbe wechseln – ein zusätzlicher Akzent und Reiz, der ihre Pflanzung im Garten so spannend macht.

WELTMEISTER IM WACHSEN

Einem etablierten hohen Bambus kann man beim Wachsen fast zusehen. Sieht man zu Beginn des Tages lediglich einen kurzen Spross aus der Erde ragen, kann dieser am Ende des Tages schon fast 1 m hoch sein. In den ersten Jahren nach der Pflanzung ist der Zuwachs noch geringer, und auch die Dicke der Halme nimmt erst im Laufe der Jahre zu. Bambus breitet sich durch unterirdische Rhizome aus, an deren Ende sich neue Sprosse ans Licht schieben. Je nach Länge der Rhizome und der Geschwindigkeit, mit der diese gebildet werden, wächst ein Bambus ausbreitend und invasiv oder bleibt „gesittet“ und horstförmig. Im Garten werden die invasiven Arten schnell zum Problem, denn sie erobern jeden freien Platz und verdrängen andere Pflanzen. Eine bei der Pflanzung eingebrachte geeignete Rhizomsperre verweist sie in ihre Schranken. Eine Alternative ist bei einigen Arten die Kultur im Kübel, wobei der Zuwachs dann jedoch insgesamt schwächer bleibt. Die meisten Arten der Gattung *Phyllostachys* gehören zu diesen invasiven, starkwüchsigen Bambussen, aber gerade unter ihnen finden sich die schönsten Halmfärbungen. Die Arten der Gattung *Fargesia* wachsen dagegen eher horstförmig und breiten sich nur langsam aus. Sie sind auch insgesamt zierlicher, ihre Halme dünner, und sie werden selten höher als 3 m.

Bambuswälder (gegenüber)
In Asien sind verschiedene Bambusarten Leitpflanzen der Wälder.

Tropischer Bambus (unten)
Gigantochloa erreicht Wuchshöhen von 10–15 m. Bambuswälder sind der Lebensraum vieler bedrohter Tierarten wie dem Großen Panda.

Gräser und der Mensch

Seit Jahrtausenden sind Gräser eng mit den Menschen verbunden. Sie dienen ihm als Nahrungsquelle, Tierfutter und Baumaterial.

Hafer (oben)
Die verschiedenen Getreidearten sind das wichtigste Nahrungsmittel des Menschen.

Gräser begleiten die Menschheit seit Jahrtausenden. Seit die ersten Völker in der Lage waren, Pflanzen mit essbaren Samen anzubauen, diese zu lagern und zu verarbeiten, erhöhten sich Lebenserwartung und Wohlstand signifikant. Die meisten essbaren Samen stammten und stammen auch heute noch von Gräsern ab.

GETREIDE

Die ersten angebauten Getreidearten kann man als Urformen noch heute bekannter Arten ansehen. Als „Mutter des Weizens" gilt beispielsweise Kamut, welcher bereits von den alten Ägyptern kultiviert wurde. Funde, zum Beispiel in einer Grabstätte bei Dashare, in der man 1948 in Tongefäßen Kamutkörner entdeckte, zeugen davon. Durch eine lange Zeit der Auslese und gezielte Züchtung sind die heutigen Getreidesorten ertragreicher, benötigen aber auch mehr Dünger und Pflege, um höhere Erträge zu bringen. Für die Lösung der Ernährungsprobleme in der Dritten Welt und den Biolandbau kann es aber durchaus lohnend sein, sich wieder auf die alten

Reisterrassen in China (oben)
In Bergregionen wie den Ailao-Bergen Chinas wird Reis auf künstlich angelegten Terrassen angebaut. So wird die Feuchtigkeit auf den Feldern gehalten

Reisfelder (links)
Reis ist eine Sumpfpflanze. Daher sind die Reisfelder ein Großteil des Jahres überflutet.

Getreidefelder

Aus einfachem Wildgetreide wurden im Laufe der Jahrhunderte ertragreiche Hochleistungssorten gezüchtet. Im Wechsel mit Wiesen und naturbelassenen Ackerrändern entstehen abwechslungsreiche Landschaften.

Sorten zu konzentrieren. So besitzt beispielsweise Kamut 40 % mehr Eiweiß und Mineralstoffe als moderne Züchtungen und verfügt über besonders gute Klebereigenschaften, die wichtig für die weitere Verarbeitung sind.

REIS

Im gesamten asiatischen Raum und auch in Teilen Afrikas ist Reis das wichtigste Nahrungsmittel. Reis wird überwiegend nass, das heißt auf überfluteten Feldern angebaut. Durch Staustufen und die Anlage von Terrassen mit Bewässerungseinrichtungen werden die Reisfelder die meiste Zeit überflutet – die beeindruckenden, ganze Landschaften prägenden Reisterrassen in Asien führen die Bedeutung dieser Kulturpflanze vor Augen. Die fruchtbaren Schlämme der Flüsse gelangen durch komplexe Stausysteme auf die Felder und sorgen für die notwendige Düngung. Auch in den USA wird Reis seit dem 17. Jahrhundert angebaut und hat sich seitdem als wichtiges Getreide etabliert.

GRÄSER ALS BAUMATERIAL

In jenen Regionen der Erde, in denen keine größeren Bäume wachsen, deren Holz als Baumaterial zur Verfügung steht, müssen die Einwohner auf Gräser zurückgreifen. In den weiten Sumpfgebieten Afrikas entlang des Nils oder in den Schilfgürteln der hoch gelegenen Anden-Seen werden Schilfgräser als Baumaterial für Boote, Hütten und Möbel verwendet. Die Uro, Ureinwohner des Titicaca-Sees, der an der Grenze von Peru zu Bolivien liegt, verbringen fast ihr gesamtes Leben auf selbstgebauten Schilfinseln aus Totora-Schilf auf dem Wasser.

In der Gartengestaltung hat Bambus als Baumaterial Einzug in die Gärten gehalten. Zäune, Rankhilfen und Sichtschutzwände aus kräftigen Bambushalmen harmonieren sowohl mit formal gestalteten als auch mit üppig bepflanzten Gärten. Auch für Baumhäuser und sonstige Kinder-Spielobjekte eignen sich Bambusstangen hervorragend. Durch ihre besondere Härte und die glatte Oberfläche können sie ohne jeglichen Schutz jahrelang im Freien bleiben. Trotzdem lässt sich Bambus problemlos mit Säge, Bohrer und Hammer bearbeiten. Für temporäre Verbindungen der Halme lassen sich auch Seile und Schnüre verwenden, mit denen die Bambusstangen nach Belieben zusammengebunden werden. Auf diese Weise werden in asiatischen Ländern ganze Bau-

Boot am Titicaca-See

In Ermangelung anderer Baumaterialien fertigen die Anwohner des Titicaca-Sees in den Anden ihre Boote aus den Halmen des Totora-Schilfs.

gerüste erstellt. Sogar beim Bau von Hochhäusern kann man diese auf den ersten Blick doch sehr gewagten Konstruktionen sehen. Bambus hat aber den Vorteil, dass er leicht, aber trotzdem stark und dabei etwas elastisch ist. Schwindelfrei müssen die Arbeiter aber schon sein, die sich auf diese Weise in luftigen Höhen bewegen …

Im Innenausbau hat sich Bambus in den letzten Jahren zu einem regelrechten Trendmaterial entwickelt. Bei der Verwendung als Parkett kommt ihm zugute, dass er viel weniger „arbeitet" als die üblicherweise verwendeten Hölzer. Die gleichmäßige Streifenmaserung wirkt sehr elegant, und zudem lassen sich durch die Einwirkung von Hitze bei der Verarbeitung unterschiedliche Farbtöne erzielen. Auch im Bereich von Kleinmöbeln und Küchenzubehör hat sich Bambus bewährt. Schneidbrettchen, Tabletts und Schälchen wirken edel und passen zu jedem Einrichtungsstil.

GRÄSER ALS NACHWACHSENDE ROHSTOFFE

In China schon seit Langem bekannt und genutzt, wird *Miscanthus giganteus* nun auch in Mitteleuropa mehr Beachtung geschenkt. Die Pflanze, die auch als Chinaschilf oder Elefantengras bekannt ist, besitzt gleich eine ganze Reihe von Eigenschaften, die sie für verschiedenste Einsatzgebiete interessant macht. Es eignet sich als Biomasse für die Energiegewinnung, zum Beispiel als Pellets für kleine Blockheizkraftwerke oder in Anlagen, die der Biogaserzeugung dienen.

Interessant sind auch die Möglichkeiten als natürlicher Baustoff. Die zerkleinerten Pflanzen werden dabei mit Zement zu einer Art Beton vermischt Das Ergebnis ist ein sehr stabiler Baustoff, unempfindlich gegen Umwelteinflüsse wie Nässe, Salze, Schimmelpilze und dergleichen. Je nach Mischung dieses Betons und ob der Miscanthus grob oder fein gehäckselt zugegeben wird, lassen sich die Materialeigenschaften des Betons variieren. Er kann fest als tragendes Bauelement oder Estrich, aber auch leicht und großporig zur Wärme- und Schallisolierung eingesetzt werden. So eignet sich das Material für die Wand- und Dachdämmung. In Großbritannien wird Miscanthus schon in der Kunststoffindustrie, in Verbindung mit Polymeren aus Rapsöl, verwendet. Das Resultat ist ein leichter, flexibler und stabiler Kunststoff, der zum Beispiel in der Autoindustrie eingesetzt werden könnte.

Gartengestaltung

So vielfältig die Auswahl an Gräsern ist,
so vielseitig lassen sich die verschiedenen Arten und
Sorten auch in der Gartengestaltung verwenden.

mit Gräsern

Linien und Akzente

Riesengräser und Polsterzwerge – die Vielfalt der Gestaltungsmöglichkeiten mit Gräsern im Garten ist unerschöpflich.

Die Bandbreite der Gräserformen reicht von ornamentalen Riesengräsern, die eine Höhe bis zu 4 m erreichen, bis hin zu Polsterzwergen, die sich in Felsspalten zwischen Steinen verstecken können. Viele Gräser fallen durch ihren prägnanten Habitus auf. Manche wachsen straff aufrecht, andere bogig überhängend, manche fließend wie ein Wasserfall bis zum Boden. Diese auffälligen Wuchsformen lassen sich bewusst als Gestaltungselemente im Garten einsetzen, sowohl in Kombinationen untereinander als auch im Zusammenspiel mit Stauden und Gehölzen. Auch Gebäude und andere gebaute Objekte können durch den geschickten Einsatz von Gräsern betont und positiv hervorgehoben werden. Die Riesen unter den Gräsern machen als Solitär eine gute Figur, hier kommt ihr monumentaler Habitus am besten zu Geltung.

LINIEN

Gräser, so weit das Auge reicht, wogende Getreidefelder bis zum Horizont – die Natur spielt mit

Linien am Teichrand
Das hoch aufgewölbte Chinaschilf *(Miscanthus sinensis)* nimmt die elegant geschwungene Uferlinie auf. Pflanzpartner sind Virginischer Ehrenpreis *(Veronica virginica)*, Schmiele *(Deschampsia)*, Königsfarn *(Osmunda regalis)*, Wasserdost *(Eupatorium)*, Weidenblättrige Sonnenblume (*Helianthus salicifolius)*, Katzenminze *(Nepeta)* und Herbst-Anemone *(Anemone japonica)*.

horizontalen Linien. Auch im Garten lässt sich damit vorzüglich spielen, natürlich in einem viel kleineren Rahmen. Wichtig ist aber dennoch, eine gewisse Großzügigkeit walten zu lassen und lieber mit nur wenigen unterschiedlichen Gräsern zu arbeiten, diese aber von der Menge her großzügig zu verwenden. Auf diese Weise entstehen ausdrucksvolle Bänder, so genannte Driften. Diese Art der Pflanzenverwendung stammt aus den USA und beginnt sich auch hierzulande zu etablieren. Am besten wirken Driften mit eher weichhalmigen Gräsern, die sich schon bei leichtem Wind bewegen. Durch eine dezente Höhenstaffelung und die Verwendung unterschiedlicher Laub- und Halmfarben können auch reine Gräser-Driften sehr spannend wirken. Man kann Gräser aber auch mit passenden Blütenstauden kombinieren. Dabei gilt zu beachten, dass die verwendeten Pflanzen einen geschlossenen Wuchs mit gleichmäßiger Wuchshöhe aufweisen, damit die gewünschten „Horizonte" entstehen.

Im Gegensatz dazu stehen Gräser, mit denen sich vertikale Linien gestalten lassen. Sie zeichnen sich entweder durch steifes, relativ senkrecht wachsendes Laub oder durch starre Blütenhalme aus. Beete bekommen erst durch die richtige Mischung aus vertikalen und horizontalen Elementen die gewünschte Tiefenwirkung und Struktur.

BÖGEN

Während lineare Wuchsformen oft ein wenig starr wirken, verbindet man Bögen mit den Begriffen weich, anschmiegsam und nachgiebig. Viele Gräser wachsen bogenförmig, ihr schmales Laub biegt sich grazil in alle Richtungen. Adjektive wie „vasenförmig", „überhängend", „kuppelartig" oder „polsterförmig" beschreiben die weichen Linienführungen besonders treffend.

Elegant überhängende Großgräser benötigen ausreichend Platz, um richtig zur Geltung zu kommen. Man sollte ihnen daher einen Standort im hinteren Bereich einer Pflanzung und dort

Wege und Trittplatten
Um die kreisrunde Pflasterfläche wurden Gräser und Stauden in Segmenten angepflanzt. Die verschiedenen Laubformen und -farben werden auf diese Weise besonders betont.

Kugeln in allen Größen (oben)
Formschnittgehölze und Gräser in allen Größen sind das Grundthema dieser sehr formalen Gestaltung. Der Bärenfell-Schwingel *(Festuca scoparia)* hat von Natur aus die richtige Form.

Akzente im Kiesbeet (unten)
Gräser und silberlaubige Stauden setzen im sonnigen Kiesbeet Akzente.

eher zu den Seiten hin zuweisen, damit sie nicht von den Nachbarpflanzen bedrängt werden. Besonders attraktive Gräser mit bogenförmigem Wuchs, wie zahlreiche Miscanthus-Sorten, wirken am besten, wenn man sie zwischen niedrigere Partner pflanzt. Auf diese Weise können sie sich ihrem Habitus gemäß ausbreiten.

Niedrige, polsterförmig wachsende Gräser wie die meisten Festuca-Arten, kommen am besten in kleinen oder auch größeren Gruppen zur Geltung. Gerade in Steingartenanlagen oder auf Kiesflächen bilden sie einen schönen Kontrast zu den harten, nicht lebenden Materialien. Sie umschmeicheln kantige Gesteinsbrocken und umspielen die geraden Linien entlang von Mauern und Wegen.

Auch die überhängend wachsenden Arten, die für den Vordergrund von Beeten geeignet sind, vermitteln zwischen Pflanzen und baulichen Gegebenheiten. Ecken und Kanten verschwinden gnädig unter sanften Bögen.

AKZENTE

Mit einzelnen Gräsern und kleinen Gräsergruppen lassen sich punktgenau Akzente setzen. Sie stellen quasi Ausrufezeichen dar, Blickfänge, die die Aufmerksamkeit des Betrachters auf sich lenken, oder aber auch als wiederholende Elemente zwischen relativ gleichförmigen Pflanzengruppen. vermitteln Die prägnantesten Akzente lassen sich mit hohen, straff aufrecht wachsenden Gräsern setzen. Sie übernehmen eine Leuchtturm-Funktion im Gräser- oder Blumenmeer. Gerade die Fernwirkung einer Pflanzung lässt sich durch den gezielten Einsatz von standhaften Riesen einfach erhöhen. Dabei gelten dieselben Regeln wie bei der Gestaltung einer klassischen Rabatte: eine harmonische Pflanzung entsteht durch die Kombination von Leitstauden und Füllpflanzen, eine geschickte Höhenstaffelungen und einen spannungsreichen Aufbau durch horizontale und vertikale Elemente.

Eine besonders wichtige Rolle bei der Gestaltung spielen Leitstauden, die für die vertikalen Akzente sorgen. Sie sind das optische Gerüst der Pflanzung. Typische Vertreter unter den Gräsern sind Pampasgras *(Cortaderia selloana),* Riesen-Chinaschilf *(Miscanthus giganteus)* und die eher straff wachsenden Sorten des Chinaschilfs *(Miscanthus sinensis*, zum Beispiel 'Malepartus' oder 'Strictus'). Die hohen Leitstauden werden von so genannten Begleitstauden umspielt und ergänzt. Während die Leitstauden den vertikalen Aspekt in der Rabatte betonen, setzen die Begleiter eher horizontale Kontrapunkte, sodass ein spannungsreiches Zusammenspiel entsteht.

Damit die gesamte Pflanzung dicht und geschlossen wirkt, werden Füllpflanzen eingesetzt. Sie sollten von luftigem Habitus sein und optisch im Hintergrund bleiben, damit sie ihre vermit-

telnde Funktion erfüllen. Viele transparent wirkende Gräser, wie Perlgras *(Melica)* und Schwingel *(Festuca)*, gehören in diese Kategorie, ebenso solch filigrane Stauden wie Schleierkraut *(Gypsophila)*, Frauenmantel *(Alchemilla)* und Lichtnelke *(Lychnis coronaria)*.

Auch mittelhohe Gräser können aus ihrer Umgebung herausragen und Akzente setzen, besonders wenn die umgebenden Pflanzen um einiges niedriger sind. Mit Bodendeckern bewachsene Flächen wirken viel interessanter, wenn sie durch eingestreute Akzentpflanzen aufgewertet werden.

Gerade in schattigen Bereichen unter Gehölzen können auffallende Gräser wie die Morgenstern-Segge *(Carex grayii)* oder die Gold-Waldhirse *(Milium effesum* 'Aureum') unattraktiveren Efeu- oder Pachysandra-Flächen die nötige Struktur geben. Bei der Auswahl der Gräser achtet man immer darauf, dass diese ausreichend konkurrenzstark sind und sich genügend Wurzelraum zwischen den Bodendeckern erobern können. Die verwendeten Gräser sollten selbst nicht bodendeckend sein, damit die gewünschte Akzentuierung nicht im Laufe der Zeit verloren geht.

Hohe Gräser am Beckenrand
Verschieden hohe Gräser bilden den Hintergrund für die Bepflanzung entlang eines formalen Wasserbeckens.

Lebensbereiche

Lebensräume in der Natur sind Vorbild für die Verwendung von Gräsern im Garten.

Wenn man sich bei der Planung von Beeten an den im Garten vorhandenen Lebensbereichen orientiert und die dafür geeigneten Arten miteinander kombiniert, erhält man dauerhaft schöne Beete mit gesunden Pflanzen. Und auch der Pflegeaufwand hält sich in vertretbaren Grenzen. In der Praxis hat sich die Einteilung in

verschiedene Lebensbereiche durchgesetzt, von denen die folgenden für die Gartengestaltung mit Gräsern von Relevanz sind.

LEBENSBEREICH GEHÖLZ

In diesem Habitat fühlen sich besonders jene Gräser und Stauden wohl, die in enger Beziehung zu Gehölzen stehen. Sie benötigen Schatten oder zumindest Halbschatten und bevorzugen humusreiche, eher frische, also feuchte und nicht austrocknende Böden. Zu dieser Gruppe gehören heimische Waldgräser und -stauden, die Wurzeldruck ertragen und dauerhaft auch zwischen kräftigen Baumwurzeln existieren können, aber auch fremdländische Arten, die höhere Ansprüche an den Boden stellen und problemlos im Schatten gedeihen, solange sie ausreichend mit Wasser und Nährstoffen versorgt werden.

LEBENSBEREICH GEHÖLZRAND

Viele Bereiche im Garten liegen jeden Tag einige Stunden im Schatten, sind aber auch der Sonne ausgesetzt, beispielsweise am Rand von Gehölzen, vor Mauern und entlang von Gebäuden. Je nach Himmelsrichtung stehen die Pflanzen etliche Stunden in der vollen Sonne und den Rest des Tages im Schatten. Unter lichten Sträuchern hingegen entsteht durch das Laubwerk eher eine Art Filter, man spricht dann von Streuschatten oder lichtschattigem Standort. Die Bodenverhältnisse können im Halbschatten recht unterschiedlich sein, je nachdem ob eine Konkurrenz durch das Wurzelwerk von Bäumen besteht, der Boden durchlässig ist oder nicht oder ob Gebäude für Regenschatten sorgen.

LEBENSBEREICH SONNIGE FREIFLÄCHE

Je nach Bodenfeuchte besitzt dieser Lebensraum Steppen- oder Wiesencharakter. Wildstauden und -gräser oder züchterisch wenig bearbeitete Arten und Sorten finden hier ihren Platz. In der Steppe fühlen sich auch zahlreiche Gräser wohl, die sich gut mit Stauden aus den sommertrockenen amerikanischen Gebieten kombinieren lassen. Viele Vertreter dieses Lebensraums sind empfindlich gegen dauernde Winternässe, sodass der Boden auf jeden Fall gut dräniert sein sollte. Schwerer Boden sollte mit reichlich Sand und Splitt verbessert werden. Auf nährstoffreicheren, frischen Böden lassen sich heimische Wiesenblumen mit Prachtstauden vergesellschaften, wobei man sich dabei auf eher natürlich anmutende, also nicht zu sehr züchterisch bearbeitete Sorten mit kleinen, ungefüllten Blüten beschränken sollte. Sie sind standfester als ihre hochgezüchteten Verwandten, die häufig aufgebunden werden müssen und auch vom Aussehen her zu dominant wirken würden.

LEBENSBEREICH STEINGARTEN

Pflanzen für diesen Bereich sind meist kleinwüchsig. Viele wachsen kriechend oder polsterförmig. Neben dem eigentlichen Steingarten zählen auch Trockenmauern, Steintreppen, Geröllmatten und Kiesbeete zu diesem Lebensbereich. Die meisten Steingartenpflanzen bevorzugen volle Sonne oder zumindest einen überwiegend sonnigen Standort, es gibt aber auch Spezialisten, die auf absonnigen Mauerseiten hervorragend gedeihen und auf die dort herrschende höhere Luftfeuchtigkeit angewiesen sind.

LEBENSBEREICH BEET

Im Beet finden die zahlreichen dekorativen, züchterisch stark bearbeiteten Stauden ihren

Lebensbereich sonnige Freifläche
Die stahlblauen Halme des Blau-Schwingels *(Festuca cinerea)* sorgen für Kontrast zum groben Schotter. Im Hintergrund eine Hanfpalme *(Trachycarpus fortunei)*.

Lebenbereich Gehölzrand
(gegenüber)
Blau-Schwingel *(Festuca cinerea)* im lichten Schatten. Die einzelnen Polster wachsen nicht ineinander.

Lebensbereich Wasserrand
Hohe Bambushalme bilden einen idealen Hintergrund für verschiedene Schattenstauden.

Lebensbereich Steingarten
(rechts)
Rutenhirse *(Panicum virgatum)* umschmeichelt auf filigrane Weise eine Gruppe Findlinge.

Lebensbereich Steingarten
(gegenüber)
Viel Kontrast auf kleinem Raum: Frauenhaargras *(Nasella tenuissima)* mit der sukkulenten Walzen-Wolfsmilch *(Euphorbia myrsinites)*.

Platz. Die Bezeichnung „Beet" ist dabei etwas irreführend, denn auch bei den anderen Lebensbereichen handelt es sich ja ebenfalls um Beete. „Prachtstaudenbeet" oder „Rabatte" wäre eine bessere Bezeichnung.

Die Vertreter dieses Lebensraums benötigen tiefgründigen, gut mit Nährstoffen versorgten, genügend feuchten, aber auch durchlässigen Boden, um zu gedeihen. Sie sind allesamt echte Sonnenanbeter, die bei zu viel Beschattung kümmern und erheblich in der Blühleistung nachlassen. Eine gründliche Bodenvorbereitung vor der Anlage einer Rabatte hat daher oberste Priorität. Auch der kontinuierliche Pflegeaufwand sollte nicht unterschätzt werden. Bei Trockenheit muss regelmäßig gewässert werden, hohe Gräser und Stauden benötigen oft eine Stütze und viele Stauden müssen regelmäßig alle paar Jahre aufgenommen und geteilt werden, damit sie nicht abbauen und viele Jahre zuverlässig blühen. Die unübertroffene Blütenfülle der Prachtstauden entschädigt aber in jedem Fall für die Mühe.

LEBENSBEREICH WASSERRAND

Der Randbereich von Gartenteichen ist in der Regel feucht bis sumpfig, auch die Flachwasserzone, deren konstanter Wasserstand etwa 10 cm beträgt, zählt dazu. Auch für diesen Bereich gibt es eine Fülle von Stauden. Heimische Stauden, die in der Natur auf Feuchtwiesen wachsen, eignen sich für den Teichrand ebenso wie Sumpf- und Schilfgräser. Zu den Spezialisten für den Wasserrand gehören auffällig viele Blattschmuckstauden mit ornamentaler Belaubung.

LEBENSBEREICH WASSER

Die tieferen Bereiche der Gewässer sind typischerweise der Lebensraum verschiedener Schwimmpflanzen, deren Wurzeln entweder frei im Wasser schwimmen oder im Grund verankert sind und die durch entsprechend lange Triebe bis zur Wasseroberfläche empor wachsen. Einige Gräser kommen durchaus auch noch mit Wasserständen von 20–40 cm zurecht und können daher dem Lebensbereich Wasser zugeordnet werden. Dazu gehören beispielsweise Arten wie die Zyperngras-Segge *(Carex pseudocyperus)* und die Teichsimse *(Schoenoplectus lacustris)*.

Gestaltung

Jeder Garten ist anders, doch lassen sich Gräser mit Stauden, Sommerblumen und Gehölzen kombinieren.

Die Kombination verschiedener Gräser und Stauden untereinander oder in großen Gruppen gleicher Arten und Sorten lässt harmonische, aber auch dramatische Eindrücke entstehen. So kann die Herangehensweise bei der Gestaltung einer Pflanzfläche ganz unterschiedlich sein. Häufig wird zunächst einmal von rein ästhetischen Gesichtspunkten ausgegangen. Lieblingsfarben und Formvorlieben spielen genauso eine Rolle wie der persönliche Einrichtungsstil. So liegt es natürlich nahe, diese Elemente auch in der Gartengestaltung aufzugreifen. Auch modische Aspekte spielen bei der Auswahl von Pflanzenkombinationen eine bedeutende, wenngleich manchmal unbewusste Rolle. Bestimmte Trends und Moden, gerade bei Möbeln und Architektur, sind irgendwann vor dem inneren Auge so präsent, dass sie auf diese Weise heimlich mitentscheiden. So unterliegen auch Pflanzen und ihre Verwendung Modeströmungen. Man kann dies sehr gut daran beobachten, in welchen Bereichen neue Züchtungen entstehen.

Gerade in den letzten Jahren sind Gräser verstärkt in den Fokus vieler Stauden- und Pflanzenzüchter geraten – zum Glück, denn lange genug wurden Gräser überwiegend nur als Solitäre oder Beiwerk verwendet. Schon Karl Foerster propagierte vor 50 Jahren vehement den „Einzug der Gräser und Farne in den Garten“. Heute haben zumindest die Gräser unsere Gärten erreicht und stellen eine wahrhaftig prächtige Bereicherung dar.

SCHÖNES WILDES DURCHEINANDER

Üppigen Wiesen nachempfundene Pflanzungen sind einfach spektakulär. Wie in der Natur stützen sich hohe Gräser und filigrane Stauden gegenseitig. Die Pflanzen werden dabei einzeln oder

Farbfeuerwerk im Herbst (links oben) Chinaschilf *(Miscanthus sinensis)* mit beginnender Samenreife vor prächtig färbenden Gehölzen.

Akzente in Gefäßen (links unten) Die schlichten hohen Pflanzkübel sind die perfekte Ergänzung für mit Neuseeland-Segge *(Carex comans)* unterpflanztem Neuseelamd-Flachs *(Phormium)* und Keulenlilien *(Cordyline)*.

Duftige Federbüsche (gegenüber) Filigrane Samenstände des Pampasgrases (*Cortaderia selloana* 'Sunningdale Silver') im herbstlichen Licht.

Sitzplatz in der Wiese
Eine bunte Mischung aus Gräsern und Wiesenstauden umrahmt den versteckten Sitzplatz im Garten.

in kleinen Gruppen quasi ineinander verwebt. Der Gesamteindruck ist trotz der Größe der verwendeten Pflanzen also eher kleinteilig, die Fernwirkung indifferent. Und doch leben solche Pflanzenkombinationen von den Strukturen und Texturen, die sich dem Betrachter auf mittleren und nahen Abstand erschließen. Der hohe Anteil an Gräsern sorgt auch für eine Dämpfung der Blütenfarben bei den Blütenstauden. Man könnte es vielleicht so ausdrücken, dass ein Weichzeichner alles Harte und Grelle mit einem dünnen Schleier versieht. Da die meisten Gräser ihren Höhepunkt im Spätsommer und im Herbst haben, benötigen sie als Partner Stauden, die auch in diesem

Steppenpflanzung
Feines Lampenputzergras *(Pennisetum orientale)* in perfekter Kombination mit Pyrenäen-Astern *(Aster pyrenaeus).*

Felsiger Bachlauf
Bambus, Stauden und verschiedene Gräser bilden die Randbepflanzung dieses kiesigen Bachlaufs.

Zeitraum blühen. Viele Großstauden sind filigran genug, dass sie gut in dieses Konzept passen. Dazu gehört beispielsweise die Gruppe der Doldenblütler, die mit Riesen wie der Engelwurz *(Angelica),* Schirmdolde *(Selinum)* oder Fenchel *(Foeniculum)* aufwartet. Nur nach warmen Sommern blüht die Weidenblättrige Sonnenblume *(Helianthus salicifolius),* aber allein ihre bis 3 m hohen, quirlig beblätterten Stängel sind eine echte Augenweide. Zu den Gräsern, die in dieses Konzept passen, gehören die vielen Miscanthus-Sorten, besonders die etwas lockerwüchsigen. Infrage kämen 'Flamingo' mit etwas überhängenden, rosa getönten Blüten, 'Graziella', ebenfalls überhängend, oder

Lauschiger Sitzplatz (oben)
Hohe Gräser sorgen für Sichtschutz.

Sonnige Freifläche (unten)
Stauden und Gräser umschmeicheln den Kiesweg.

die noch sehr neue Sorte 'Nishidake', die besonders locker wächst. Daneben eignen sich aber auch Rutenhirse *(Panicum virgatum)* und Zottenraugras *(Spodiopogon sibiricus)*. Von der Rutenhirse gibt es mittlerweile viele gute neue Sorten, nachdem jahrelang immer nur 'Rehbraun' und 'Hänse Herms' erhältlich waren. Nicht alle Sorten entwickeln die gewünschte rote Herbstfärbung, sehr zuverlässig sind aber 'Strictum' und 'Squaw'.

GRÄSER UNTER SICH

Pflanzungen, die nur mit Gräsern gestaltet wurden, können sehr attraktiv sein. Ihren Höhepunkt haben sie natürlich von Sommer bis in den Herbst, doch auch im Winter sind die Samenstände dekorativ und sollten daher auf keinen Fall abgeschnitten werden. Der Morgen nach der ersten Raureifnacht macht schnell deutlich, warum man sich bei der herbstlichen Gartenarbeit zurückhalten sollte. Wie in einer Staudenrabatte werden auch im Gräserbeet die Pflanzen nach den Regeln der Gestaltungskunst gruppiert.

In den klassischen Rabatten werden die Pflanzen in ihrer Höhe gestaffelt gepflanzt – die niedrigen Arten und Sorten im Vordergrund, dahinter folgen mittelhohe, im Hintergrund werden die Riesen platziert. Besonders wirkungsvoll ist eine solche Höhenstaffelung, wenn sich die Rabatte vor einer Mauer oder einer Hecke befindet, vor der sich die hellen Blütenfarben der Gräser besonders gut abheben.

Für Beete, die mitten in Rasenflächen angelegt werden oder von zwei Seiten zugänglich sind, gelten im Prinzip die gleichen Regeln. Nur pflanzt man hier die höchsten Gräser in die Mitte und die niedrigeren zu den Rändern hin. Neben dem ästhetischen Aspekt hat die Höhenstaffelung im Beet auch den Vorteil, dass alle Pflanzen genügend Licht erhalten und innen stehende niedrige Exemplare nicht von den höheren zu sehr beschattet werden. Einzige Ausnahme sind im Frühling blühende, in die Rabatte integrierte Zwiebelblumen. Sie sollten in den mittleren Bereich gepflanzt werden. Zu ihrem Blütezeitpunkt sind die frisch austreibenden Gräser noch niedrig, und später wird ihr einziehendes Laub besser von den Gräsern und Stauden verdeckt.

Einladung zum Entspannen

Die silbrigen Blütenrispen des Chinaschilfs *(Miscanthus sinensis* 'Kleine Fontäne') sorgen für eine sanft-raschelnde Atmosphäre im Garten.

Karl Foerster

Karl Foerster war ein Pionier der Verwendung von Gräsern in der Gartengestaltung.

Das Haar der Mutter Erde

Karl Foerster – ein Plädoyer für die Verwendung von Gräsern als Begleiter von Blütenstauden.

Karl Foerster, geboren 1874, war einer der bedeutendsten Staudengärtner und -züchter des 20. Jahrhunderts und gründete 1911 seine berühmte Gärtnerei in Bornim bei Potsdam. Er war Gartenbuchautor, man könnte fast sagen er war ein Gartenpoet, und verfasste insgesamt 37 Gartenbücher. In seinem Werk „Einzug der Gräser und Farne in die Gärten" beschäftigt er sich intensiv mit der Verwendung der Gräser bei der Gartengestaltung. „Das Haar der Mutter Erde", so nannte Foerster die Gräser und plädierte für die Verwendung von Gräsern als Begleiter zu Blütenstauden oder als natürliche Bodendecker. In diesem Buch, das schnell zu einem Standardwerk wurde, beschreibt er die Herkunft, Eigenschaften und Verwendungsmöglichkeiten zahlreicher Gräser. Seine unvergleichliche Art zu formulieren lässt sich am besten mit den beiden folgenden Zitaten aus „Der Einzug der Gräser und Farne in die Gärten" belegen.

„Wie schön wehen im leichten Wind die Horste des hüfthoch aufwallenden Reiherfedergrases! Wie reizvoll ist das mannshohe blonde Gewoge der Blütenhalme des Blaustrahlhafers über seinen dichten hellblau-grünen Farbenflächen. Welch neuartigen Anblick, selbst an völlig trockenen Plätzen, schenkt uns der steile, monumentale Gräserbusch des Riesen-Miscanthus, der, angerankt mit blauen und weißen Winden, vor Gewitterwolken aufragt."

„Man erlebt in Tau und Morgenlicht, Mondschein und leichtem Schnee, in Frühlingsgrün und mürber Herbstreife wunderlich schöne Dinge an ihnen (den Gräsern), die nicht vergessen werden und ihren Gartenplätzen noch lange anhängen. Sie wirken oft als solche Organisatoren ihrer Umgebung und bringen ein solch geheimnisvolles Zusammenwirken mit pflanzlicher Nachbarschaft zustande, dass es bei ihrer Wegnahme scheint, als sei einem Orchester der Dirigent genommen worden."

Diese Zitate voller Poesie und Leidenschaft zeugen von dem Respekt und der Liebe zu den Gräsern. Karl Foerster hat viele Stauden gezüchtet, hat Wildstauden und Gräser der Natur entnommen und verwendet. Viele heute bekannte Sorten sind durch gezielte langjährige Auslesen nach Widerstandsfähigkeit und ästhetischen Gesichtspunkten entstanden. Er schuf einen Typus Pflanze für die Gärten in dieser Zeit, man könnte sagen neue Pflanzen für neue Gärten.

Zu seinem Züchtungssortiment gehörten jedoch vorrangig Blütenstauden und keine Gräser wie *Aster amellus*, *A. dumosus*, *A. novae-angliae* und *A. novi-belgii*, *Campanula*, *Chrysanthemum*, *Delphinium*, *Helenium* und *Phlox*.

Der Senkgarten in Bornim bei Potsdam, den er gemeinsam mit Hermann Mattern anlegte, war Versuchs- und Schaugarten zugleich, ein Anziehungspunkt für die Fachwelt und für Gartenliebhaber – und ist es heute noch.

Gemeinsam mit den Gartenarchitekten Herta Hammerbacher, Hermann Göritz, Walter Funcke und Hermann Mattern gründete er 1928 die Arbeitsgemeinschaft „Gartengestaltung in Bornim", den „Bornimer Kreis". Aber auch Musiker, Maler, Dichter und Bildhauer versammelten sich in dieser Runde und teilten die Philosophie und Gedanken Karl Foersters. In dieser Zusammenarbeit entstand nach einer Anregung von Karl Foerster ein Schau- und Sichtungsgarten auf der Freundschaftsinsel in Potsdam. Zur Bundesgartenschau im Jahr 2001 wurden etwa 200 verschiedene Sorten in dem Garten auf der Freundschaftsinsel neu aufgepflanzt, winterharte Blütenstauden wie auch Gräser und Farne, die dort heute noch besichtigt werden können.

Neben dem Senkgarten in Potsdam-Bornim und dem Garten auf der Freundschaftsinsel kann man den neuen von Christian Meyer überarbeiteten und 2007 neu eingeweihten „Karl Foerster Garten" in den „Gärten der Welt" Berlin-Marzahn besichtigen.

Karl Foerster starb 1970. Heute betreut eine Stiftung seinen Nachlass und kümmert sich um die Nachwuchsförderung mit dem Ziel einer guten praxisorientierten Pflanzenverwendung.

Im Senkgarten in Bornim (oben)
Miscanthus sinensis im Foerster'schen Senkgarten in Potsdam-Bornim.

Heidebepflanzung (gegenüber)
Riesen-Federgras *(Molinia arundinacea* 'Karl Foerster') zwischen Heidestauden und niedrigen Kiefern.

Akzente im Gräsergarten (unten)
Die leuchtend gelbe Herbstfärbung des Reitgrases *(Calamagrostis × acutiflora* 'Karl Foerster') bleibt bis weit in den Winter hinein erhalten.

Gräser im

Jahreslauf

Je nach Jahreszeit präsentieren sich Gräser völlig unterschiedlich im Garten – frischgrün und zart im Frühling, feurig orange im Herbst und raureifüberzogen im Winter.

Frühjahr

Die meisten Gräser befinden sich im zeitigen Frühjahr noch in der Vegetationsruhe und beginnen erst ab März/April auszutreiben.

Die Samenstände und Halme des Vorjahrs werden im zeitigen Frühjahr zurückgeschnitten, ebenso die trockenen Laubbüschel. So wird Platz für den bald folgenden Neuaustrieb geschaffen. Immergrüne Arten treiben neu durch, auch hier sollten abgestorbene und unansehnliche Laubschöpfe entfernt werden.

Einige frühe Arten beginnen aber schon ab März zu blühen. Zu dieser Gruppe gehören einige Vertreter der Gattung *Sesleria*, das Kopfgrases. Bereits im März blüht des Kalk-Blaugras *(Sesleria albicans)*. Über den rundlich aufgewölbten Laubhorsten, die nicht höher als etwa 30 cm werden, erheben sich kurze dunkelviolette Scheinähren. Es gedeiht

auf durchlässigen kalkhaltigen Böden. *Sesleria heufleriana* wird insgesamt etwas größer, die Blütenrispen sind fast schwarz, und es fühlt sich eher an halbschattigen Standorten, wie am Gehölzrand und an absonnigen, nicht zu trockenen Stellen im Steingarten wohl. Als Pflanzpartner bieten sich früh blühende Zwiebelblumen an.

Blütenpracht im Frühsommer (oben)
Die Blüten des Hasenschwanzgrases *(Lagurus ovatus)* schwingen sich bei jedem Luftzug hin und her und umspielen den tiefblauen Lavendel.

Feuriger Frühlingsaustrieb (gegenüber)
Japanisches Blutgras *(Imperata cylindrica)*.

Gartenszene im Spätsommer
Mit lodernd roter Färbung begeistern viele Sorten der Rutenhirse *(Panicum virgatum)* wie 'Hänse Herms' und 'Rotstrahlbusch', hier mit Kissen-Astern *(Aster dumosus)* unterpflanzt. Über dem Laub schweben zierliche Blütenrispen.

Sommer

Im Juni erreichen die frühblühenden Beetstauden den ersten Höhepunkt. Auch herbstblühende Großgräser wie Chinaschilf präsentieren sich nun in voller Pracht.

Einige Arten kommen bereits im zeitigen Sommer zur Blüte und stellen so ideale Pflanzpartner für Stauden, Einjährige und Sommer-Zwiebelblumen dar. Dazu gehören zum Beispiel das Garten-Sandrohr *(Calamagrostis × acutiflora)*, das Riesen-Federgras *(Stipa gigantea)* und auch die Rasenschmiele *(Deschampsia caespitosa)*. In Gruppen oder einzeln, aber in wiederkehrendem Rhythmus, bringen sie Leichtigkeit in die klassischen Beetkombinationen aus Rittersporn *(Delphinium)*, Brennender Liebe *(Lychnis)*, hohen Glockenblumen *(Campanula)*, Phlox und anderen. Auch als Rosenpartner sehen viele Gräser hinreißend aus, viel zu selten trifft man auf solche Kombinationen. Besonders geeignet sind auch hierfür das unentbehrliche *Miscanthus sinensis*, filigran wachsende Sorten wie 'Samurai', 'Vorläufer' oder 'Gracillimus' eignen sich am besten. Gerade die letztgenannte Sorte kommt in den meisten Sommern nicht zur Blüte, hat dafür aber ein umso schöneres, perfekt überhängendes schmales Laub.

An halbschattigen Standorten ist die Hänge-Segge *(Carex pendula)* beinahe unentbehrlich. Sie ist äußerst vielseitig mit anderen Pflanzen kombinierbar und macht sich hervorragend im Hintergrund von Funkien *(Hosta)* oder zwischen Akelei *(Aquilegia)*, Wald-Glockenblume *(Campanula latifolia* var. *macrantha)* und Wiesenraute *(Thalictrum)*. Während der Blüte leuchten die hängenden Ähren dunkelgelb und büßen auch nach der Blüte monatelang nichts von ihrer Attraktivität ein.

Einjährige Gräser sind ein wichtiger Aspekt für die sommerliche Gartengestaltung und Beetbepflanzung. Zahlreiche Sommerblumen wie Lein *(Linum grandiflorum)*, Kornblume *(Centaurea cyanus)* und Klatschmohn *(Papaver rhoeas)* wachsen in der Natur an Feldrändern beziehungsweise in Getreidefeldern und Wiesen. Im heimischen Garten sollten daher entsprechende Partner in Form von Gräsern nicht fehlen. Sehr schön lassen sich Mähnengerste *(Hordeum jubatum)* und Kolbenhirse *(Setaria italica)* zu diesem Zweck verwenden. Mit dieser Auswahl erfreut man gleichzeitig die Körnerfresser unserer heimischen Vogelwelt.

Gräserakzente
Einer sprudelnden Fontäne gleich erheben sich die Blütenrispen des Pfeifengrases *(Molinia caerulea)* und des Federgrases *(Stipa gigantea)* über Silber-Immortellen *(Anaphalis margaritaceum)* und Astern.

Herbst und Winter

Herbst und Winter sind zweifellos die Hoch-Zeit für die meisten Gräser. Viele von ihnen blühen erst spät im Jahr, bei anderen sind jetzt die charakteristischen Samenstände dekorativ.

Erste Herbstimpressionen
Im fahlen Morgenlicht verschwimmen mit Raureif bestäubte Gräsergestalten.

Auf keinen Fall sollte die spektakuläre Herbstfärbung vieler Arten und Sorten vergessen werden, die auch besonders gut mit den Herbstblühern unter den Blütenstauden harmoniert.

Zu den schönsten herbstfärbenden Gräsern gehören die verschiedenen Sorten der Rutenhirse *(Panicum virgatum)*. Die Sorten 'Rehbraun', 'Hänse Herms', und 'Squaw' färben sich ab Spätsommer braun bis rot, wobei sich die Färbung in warmen Sommern am besten ausprägt. Bei der Sorte 'Warrior' wechselt die Färbung zum Herbst noch einmal zu einem leuchtenden Gelb. Überhaupt sind Gelb und Rot die Hauptthemen des Herbstes. Auch bei *Miscanthus* verfärben sich die Blätter in den beiden Farben und sämtlichen Nuancen dazwischen. 'Malepartus' wirkt besonders farbenfroh und gleicht im abendlichen Gegenlicht einer lodernden Flamme. Auch 'Rotsilber', 'Sioux' und 'Ferner Osten' zeichnen sich durch besonders eindrucksvolle Herbstfärbungen aus. Eine fantastische Laubfärbung in Goldorange und Grüngelb legt das Fasanenschwanzgras *(Anemanthele lessoniana)* vor, das früher *Stipa arundinacea* genannt wurde. Zuverlässig winterhart ist es aber nur an trockenen Standorten.

Strohgelb leuchten die straff aufrechten Gestalten des Garten-Sandrohrs *(Calamagrostis × acutiflora)*, die so gut für vertikale Struktur im Beet sorgen. Durch ihre Höhe von bis zu 1,50 m wirken sie wie Wachtposten zwischen lockerwüchsigen Stauden, die sich an sie anlehnen. Auch die zierlichen Federgräser fallen erst so richtig auf, wenn sie sich ab Spätsommer von Grün zu Gelb verfärben. Die langen graden Grannen von *Stipa capillata*, die weichen Grannen von *Stipa tirsa* und *Nasella tenuissima*, die sich so malerisch im kleinsten Lufthauch wiegen, sie alle verleihen Herbstbeeten eine wunderbare Leichtigkeit. Bei ihrem Anblick versteht man, was Karl Foerster meinte, als er die Gräser als Harfen bezeichnete, ohne die ein Orchester nicht komplett sei.

Die wirkungsvollsten Blüten- und anschließenden Samenstände besitzt wohl das Pampasgras *(Cortaderia selloana)*. Dicke, zuckerwattegleiche Büschel sitzen auf geraden kräftigen Halmen. Allerdings wirken die Pflanzen insgesamt eher steif, und es ist nicht einfach, sie harmonisch in gemischte Pflanzungen einzufügen. Ganz anders, nämlich bogig überhängend, wächst *Cortaderia richardii*, dessen lockere Blütenrispen zwar auch in einer Höhe von 2,50 m schweben, aber viel zierlicher sind. Die Blüten des Chinaschilfs sind je nach Sorte silbrig rot bis perlweiß, aber immer zierlich und fedrig im Aufbau. Besonders schön wirken sie im Gegenlicht der tiefer stehenden

Gartenzauber im Gegenlicht (oben)
Und immer wieder *Miscanthus*. Die Sortenvielfalt ist so groß, dass er in keinem Garten fehlen darf.

Raureif im Spätherbst (unten)
Nach der ersten frostigen Nacht im Herbst glitzert Raureif an den Gräserrispen. Im Sonnenlicht ist die Pracht leider schnell hinweg geschmolzen.

Pampasgras
Die Samenstände der oft so steif aufrecht stehenden *Cortaderia selloana* neigen sich unter der Last des Raureifs elegant zu den Seiten über.

Herbstsonne. Dann erst kommen die Details richtig zur Geltung. Kaskadenförmig öffnen sich die Blüten wie kleine rauschende Wasserfälle aus welligen Haarsträngen.

STAUDEN ALS PARTNER

Mit den richtigen Stauden als Partner laufen Herbstgräser zur Höchstform auf. Die Auswahl an Stauden ist so ungeheuer groß und vielfältig, sodass zahllose, beeindruckende Kombinationen kreiert werden können.

Astern in bunter Vielfalt stehen zur Verfügung, spät blühende Staudensonnenblumen und natürlich Chrysanthemen in Hülle und Fülle. Am bekanntesten sind die hohen Herbst-Astern *(Aster novae-angliae* und *A. novi-belgii)*, deren Blüten sich im Farbspektrum von Weiß über Rosa bis Dunkelviolett bewegen. Besonders ihre Violetttöne stehen in wunderbarem Kontrast zur leuchtend orangefarbenen und roten Herbstfärbung der Gräser. Die Gattung *Aster* hat aber noch viel mehr zu bieten: hochwüchsigen Wild-Astern wie *Aster laevis* und *A. lateriflorus* blühen hellblau, *Aster turbinellus* dunkelblau; sie wirken am besten in Kombination mit hohen Gräsern, an denen sie sich anlehnen können. *Aster ericoides* und *A. × frikartii* bleiben mit 50–70 cm niedriger. Die zierlichen Blüten dieser Wildarten passen hervorragend zu feingliedrigen Gräsern und bilden einen Gegenpart zu deren leuchtender Herbstfärbung.Staudensonnenblumen wie *Helianthus decapetalus* und spät blühende Sonnenhüte (*Rudbeckia* 'Herbstsonne') sowie Verbesinen *(Verbesina alternifolia)* sind kräftige Gestalten und wirken am besten mit hohen Miscanthus-Sorten. Ihre goldgelben Blüten bilden einen leuchtenden Gegenpart zu den silbrigen Blütenständen der Gräser. Weitere gelbe Herbstblüher sind das hohe Mädchenauge *(Coreopsis)* und Goldrute *(Solidago)*. Solidago-Blüten haben fast die gleiche Form wie die von Miscanthus – ein schönes Beispiel für die Vielfältigkeit der Kombinationsmöglichkeiten zwischen Gräsern und Stauden. Beide lassen sich ausgesprochen schön ineinander verweben. Die purpurrosa Dolden des Wasserdosts *(Eupatorium)*. schweben auf gleicher Höhe wie die dunkellila Dolden der Vernonie *(Vernonia arkansana)* und können auch hohe Gräser überragen.

Beeindruckende Gräsersolitäre (links)
Pampasgras *(Cortaderia selloana)* ist wegen seiner imposanten Höhe das ideale Gras für den Hintergrund.

Ein Pelz aus Raureif (oben)
Nach klaren, feuchten Frostnächten sind die Blüten des Chinaschilfs von filigranen Eiskristallen überzogen.

DER ERSTE FROST

Mit den ersten Nachtfrösten verabschiedet sich der Herbst und im fahlen Morgenlicht sind oft nur die Umrisse der Pflanzen zu sehen. Der gefrorene Nebel hat sich auf Stängeln, Blättern und Blüten niedergelassen und betont jede auch noch so kleine Einzelheit. Bei diesem fantastischen Anblick wird sofort klar, warum man Abgeblühtes so lange wie möglich an den Pflanzen belassen sollte. Und gerade die filigranen Strukturen der Gräserblüten und Samenstände sehen im Raureif aus wie aus Brüsseler Spitze geklöppelt.

Palmwedel-Segge (oben)
Die Palmwedel-Segge *(Carex muskingumensis)* bleibt das ganze Jahr attraktiv.

Herbstimpressionen
Bei Frost treten die Farben im Garten zugunsten der Formen und Strukturen in den Hintergrund.

Ernst Pagels

Viele Sorten von Ernst Pagels sind auch heute noch fester Bestandteil des Gräser- und Staudensortiments.

Von kleinen Silberspinnen und Flamingos

Das Vermächtnis des Ostfriesen Ernst Pagels.

Ernst Pagels wurde 1913 in Leer, in Ostfriesland geboren und war neben Karl Foerster einer der bedeutendsten Staudenzüchter Deutschlands und einer der wichtigsten Gräserzüchter unserer Zeit.

Als junger Gärtner und Gartenbautechniker arbeitete er zunächst in der Gärtnerei von Karl Foerster, was sein weiteres Leben und Schaffen nachhaltig beeinflusste. In seiner Gärtnerei in Leer brachte Ernst Pagels rund 130 verschiedene Züchtungen von Stauden und Gräsern

hervor. Viele davon kann man als wegweisend bezeichnen, denn noch heute sind 70 seiner Staudensorten fester Bestandteil des heutigen Staudensortimentes. Neben einem breiten *Salvia-nemerosa*-Sortiment waren es vor allem Gräser, insbesondere die Gattung *Miscanthus,* die es dem leidenschaftlichen Gärtner angetan hatten. Seine blühenden Miscanthus-Züchtungen haben die Gräserwelt revolutioniert. Zu ihnen gehören die Sorten 'Malepartus' mit rötlicher Blüte und einer roten Herbstfärbung, 'Graziella' mit silbrigen Blütenständen, 'Kleine Silberspinne' mit einem silbrigen Mittelstreifen und 'Flamingo' mit rosa überhauchten Blütenständen. Das früh blühende *Miscanthus oligostachys* 'Ghana' wächst aufrecht und färbt sich im Herbst ebenfalls wunderschön schokoladenbraun. *Miscanthus* 'Morning Light' hat einen weißen Streifen in der Blattmitte und wirkt fast silbrig – vor einer dunkelgrünen Eibenhecke einfach traumhaft.

Aber auch das Pfeifengras *(Molinia)* mit den Sorten 'Windspiel' und der zierlichen 'Edith Duzus' gehörten zu seinem Züchtungssortiment.

Die moderne Pflanzenverwendung ist weltweit ohne die Züchtungen von Ernst Pagels nicht denkbar. Alle bekannten Pflanzenverwender greifen auf diese Sortimente zurück.

Um das Lebenswerk des Züchters zusammenzufassen, wurde vor einiger Zeit im „Park der Gärten" in Bad Zwischenahn ein „Ernst Pagels Themengarten" angelegt. Hier sind alle wesentlichen Züchtungen gepflanzt und zu schönen Gartenbildern kombiniert. Anke Mattern, Gartendesignerin und ehemalige Mitarbeiterin Pagels', hat diesen Garten gestaltet.

Für seine Leistung hat er mehrere deutsche und internationale Auszeichnungen erhalten, unter anderem die wichtigste Ehrung der amerikanischen Staudengesellschaft (PPA). Ernst Pagels starb 2007 im Alter von 93 Jahren.

Chinaschilf 'Flamingo' (oben)
Der Züchtungsarbeit Ernst Pagels' sind etliche der besten Sorten des Chinaschilfs *(Miscanthus)* zu verdanken.

Höhenstaffelung im Beet (oben links)
Das hohe Chinaschilf hält sich im Hintergrund. Im direkten Vergleich lassen sich die Unterschiede in der Wuchsform der Sorten gut erkennen.

Tanzende Silhouetten (rechts)
Sommerblumenbeet mit Hasenschwanzgras *(Lagurus ovatus)* und Kornblumen *(Centaurea)*.

Kontraste im Sommerbeet
(gegenüber oben)
Schwierig zu kombinierende Pflanzen wie Blumenrohr *(Canna indica* 'Schwabenstolz') und Blasenspiere (*Physocarpus opulifolius* 'Diabolo') haben mit Chinaschilf *(Miscanthus sinensis)* ihren perfekten Partner gefunden

Fedrige Blütendetails
(gegenüber unten)
Erst im Gegenlicht lässt sich die ganze Schönheit der Blütenstände des Chinaschilfs *(Miscanthus sinensis)* erfassen.

Licht und Schatten

Die Blüten- und Samenstände der Gräser kommen am besten im Gegenlicht zur Geltung.

Ihre Konturen werden oft erst in der Sonne sichtbar. Insofern hat die Natur sehr konsequent gehandelt – die meisten Blüten, besonders die der hohen Gräser, entwickeln sich im Spätsommer und prägen die Pflanzen bis in den Winter hinein. In diesen Jahreszeiten steht die Sonne nicht mehr so hoch am Himmel, sodass sich im Garten die schönsten Gegenlicht-Effekte ergeben. Auch nach einem nebligen Morgen im Herbst, wenn die Sonne durchbricht, können sich atemberaubende Bilder entfalten. Wenn der Raureif in der Sonne schnell dahinschmilzt, glitzern die Gräser für eine kurze Zeit so, als seien sie mit Tausenden von Diamanten behangen. Und doch ist schon eine halbe Stunde später das faszinierende Spiel wieder vorbei.

Rutenhirse

Die haarfeinen Blütenstände der Rutenhirse *(Panicum virgatum)* zeichnen sich am besten vor einem dunklen Hintergrund ab.

Wolfgang Oehme

Wolfgang Oehme ist bekannt für seine großflächigen massenhaften Stauden- und Gräserpflanzungen.

Neue Landschaften statt monotoner Rasenflächen

Das Gestaltungskonzept Wolfgang Oehmes

Der 1930 in Chemnitz/Sachsen geborene Wolfgang Oehme wanderte 1957 nach dem Studium an der Gartenbauschule in Berlin-Dahlem in die USA aus. Dort entwickelte er entgegen dem in den USA vorherrschenden Gartentrend seinen eigenen unverwechselbaren großzügigen Gartenstil und revolutionierte die amerikanische Gartenszene, in der bis dahin große gemähte Rasenflächen vorherrschten. Sein Stil ist durch

eine massenhafte, großflächige Verwendung von robusten, langlebigen Pflanzen – Stauden wie Gräsern – geprägt, seine Pflanzungen wirken plakativ und sind starke Akzente in einer oft großräumigen Landschaft oder eines entsprechenden Umfelds.

Die dafür verwendeten Pflanzen müssen sorgfältig ausgesucht werden, denn sie müssen aufgrund des großräumigen Gestaltungsstils ganzjährig attraktiv, robust und langlebig sein.

Besonders die Verwendung der Kombination von Lampenputzergras *(Pennisetum alopecuroides)*, Fetthenne *(Sedum* 'Herbstfreude') und Sonnenhut *(Rudbeckia fulgida* var. *sullivantii* 'Goldsturm') auf großen Flächen wurde quasi zu einer Art Markenzeichen von Wolfgang Oehme.

Zahlreiche Großstauden und Großgräser wie Wasserdost *(Eupatorium)*, Chinaschilf *(Miscanthus)* oder Reitgras *(Calamagrostis)* erfuhren erst durch seine Ideen großflächigen Einzug in die heutige Gartengestaltung.

Seinen gärtnerischen Ursprung und seine Vorbilder fand Wolfgang Oehme in Deutschland während seiner gärtnerischen Tätigkeit, insbesondere bei Karl Foerster und Karl Plomin.

Seine Reisen führen ihn jährlich in seine alte Heimat Deutschland, wo er in Gärtnereien und botanischen Gärten immer wieder neue Pflanzen kennenlernt, die er dann in Amerika verwendet – und umgekehrt führt er auch neue Sorten in Deutschland ein oder propagierte deren Verwendung hier wie *Persicaria polymorpha*, *Pycnanthemum muticum* oder *Tanacetum macrophyllum*. Sie haben eines gemeinsam: sie sind robust, langlebig und ganzjährig attraktiv.

Wolfgang Oehme lebt heute in Baltimore und betreibt seit über 33 Jahren mit James van Sweden ein Landschaftsarchitekturbüro.

Gartenszene im Spätsommer (oben)
Garten-Sandrohrgras *(Calamagrostis × acutiflora)* und Chinaschilf *(Miscanthus sinensis)* fangen die letzten Sonnenstrahlen des Sommers ein.

Chinaschilf unter Gehölzen (unten)
Die Kombination von Gräsern und Gehölzen wirkt wie von der Natur perfekt inszeniert.

Landschaften mit Gräsern (gegenüber)
Wolfgang Oehme schafft es mit seinen Pflanzungen immer wieder, eine großartige Landschaft in Szene zu setzen.

Gräser als

Gräser gehören zu den vielfältigsten Pflanzen im Garten. Sie lassen sich mit Stauden, Gehölzen, Rosen und vielen anderen Gewächsen kombinieren und fühlen sich in den verschiedensten Lebensbereichen wohl.

Begleiter

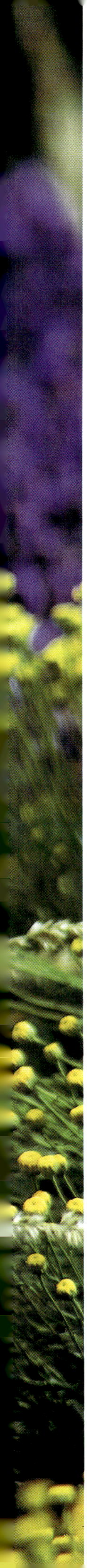

Mediterrane Stimmung (gegenüber)
Perlgras *(Melica)* ist dank gleicher Bodenansprüche ein schöner Begleiter für mediterrane Kräuter wie Lavendel und Heiligenkraut *(Santolina)*.

Mediterrane Stimmung (links)
Blaustrahlhafer *(Helictotrichon sempervirens* 'Saphirsprudel') umspielt die hohe Bart-Iris *(Iris barbata* Elatior 'Sharkskin') mit einem sanftem Schleier.

Gräser und Stauden (links)
Weiß-gestreiftes Chinaschilf setzt einen markanten Akzent im Beet und Astern sorgen für einen farbigen Herbstaspekt.

Gräser und Stauden

Gräser ohne Stauden, Stauden ohne Gräser – undenkbar im Garten.

In allen Bereichen des Gartens lassen sich Gräser mit anderen Pflanzen kombinieren. Standorte in voller Sonne mit trockenem Boden werden als „sonnige Freifläche mit Steppencharakter" bezeichnet. Sie sind geprägt durch besonders durchlässige Böden mit hohem Sandanteil, häufig in Gegenden mit geringen Niederschlägen. Was für die meisten Prachtstauden zum Problem wird, bietet anderen Arten ideale Lebensbedingungen. Viele von ihnen kommen ursprünglich aus sommertrockenen Gebieten des nordamerikanischen Kontinents. Aber auch etliche Vertreter aus Südeuropa fügen sich in hiesigen Gärten hevorragend in solche Steppenpflanzungen ein.

GRÄSER UND STAUDEN

Ergänzt werden Stauden durch eine ganze Anzahl von Gräsern sowie Knollen- und Zwiebelpflanzen. Bereits im zeitigen Frühjahr zeigen sich die verschiedenen Krokusse, besonders *Crocus sieberi,* gefolgt von Wildtulpen, die ihrerseits ab Ende April von niedrigen Bart-Iris *(Iris barbata nana)* abgelöst werden. Dazwischen entwickeln sich sommerblühende Stauden und Gräser, zum Beispiel Sonnenröschen *(Helianthemum*-Hybriden), Staudenlein *(Linum perenne* und *L. flavum),* die überaus anpassungsfähige Spornblume *(Centranthus ruber),* Katzenminze *(Nepeta × faassenii)* und Junkerlilie *(Asphodeline lutea).* Unter den Gräsern blühen im

Gräser und Stauden (oben)
Pennisetum alopecuroides var. *viridescens* hat lange Blütenähren in einem sanften Violett. Hier zusammen mit *Penstemon* 'Andenken an Hahn' und 'Sour Grapes'.

Traumbeet in Violett (gegenüber)
Einjährige Gräser und Sommerblumen.

Frühsommer bereits das Zittergras *(Briza media)* und die verschiedenen Sorten des Blau-Schwingels (Festuca-Cinerea-Hybriden). Je trockener der Standplatz ist, desto kräftiger fällt die Blaufärbung beim Laub des Blau-Schwingels aus.

Viele Stauden, die im Steppenbeet gut gedeihen, haben silberfarbenes oder behaartes Laub, wodurch die Verdunstung in Grenzen gehalten wird und die Pflanzen weniger Wasser benötigen. Im Hochsommer schieben Zierlauch-Arten ihre kugeligen Blütenköpfe auf drahtigen Stängeln in die Höhe, während die Blütenstände der Steppenkerzen *(Eremurus)* und Kniphofien *(Kniphofia)* wie Fackeln über der Pflanzung lodern. Sie werden bestens durch zierliche Gräser ergänzt, deren Blüte nun nach und nach einsetzt. Im Spätsommer beginnt dann das große Finale mit Berg-Aster *(Aster amellus)*, Fetthenne *(Sedum telephium)* und Goldhaar-Aster *(Aster linosyris)*, deren Blütezeiten sich bis in den Herbst hinein fortsetzen. Bei der Auswahl an Gräsern kann man aus dem Vollen schöpfen: Lampenputzergras *(Pennisetum orientale* und *P. alopecuroides)* mit seinen flaschenbürstengleichen Blütenständen, dazu das bis 1,20 m hohe Goldbartgras *(Sorghastrum nutans)*, dessen Samenstände in einem besonders schönen Goldton leuchten, oder die verschiedenen Federgräser (*Stipa gigantea* und *S. tenuifolia*) seien hier genannt. Die meisten Sorten des Chinaschilfs *(Miscanthus sinensis)* werden zu mächtig, so zierliche Sorten wie 'Yakushima Dwarf' eignen sich aber hervorragend. Eine Staude, die in den letzten Jahren immer beliebter wurde und die für die Kombination mit Gräsern prädestiniert ist, ist die Präriekerze

Aufregende Pflanzkombinationen

Wuchtige und feine Pflanzengestalten: In großzügigen Bändern wurden Steppen-Salbei *(Salvia nemorosa* 'Mainacht'), Engelwurz *(Angelica archangelica)* und Frauenhaargras *(Nasella tenuissima)* hintereinander gepflanzt. Im Vordergrund Purpurglöckchen *(Heuchera* 'Green Spice').

Gräser und Sommerblumen (oben) *Pennisetum setaceum* 'Rubrum' ist nicht winterhart und gut mit Sommerblumen wie Löwenmäulchen *(Antirrhinum majus* 'Rocket Orchid'), Zinnien *(Zinnia elegans* 'Profusion Cherry'), Leberbalsam *(Ageratum houstonianum* 'Schnittwunder') und Zier-Kohl *(Brassica oleracea* 'Nero Toscana') kombinierbar.

Gräser und Stauden (links) Verschiedene Stauden, darunter Fetthenne *(Sedum)*, Sonnenhut *(Rudbeckia)* und Astern *(Aster novi-belgii* 'Schöne von Dietlikon') nehmen den fächerförmigen Wuchs des Lampeputzergrases *(Pennisetum alopecuroides)* im Vordergrund wieder auf.

(Gaura lindheimeri), deren zweiter Name Apfelblütengras schon viel über ihr Aussehen verrät. Strenge Winter mit reichlich Niederschlägen übersteht sie leider meist nicht, dafür lässt sie sich aber leicht und schnell aus Samen ziehen.

Auf etwas kräftigeren Böden lassen sich auch Prachtstauden so mit Gräsern kombinieren, dass die Pflanzung einen Steppencharakter erhält, zum Beispiel Sonnenhut *(Rudbeckia)*, hohe Vernonien *(Vernonia crinita)* und Glattblatt-Astern *(Aster novi-belgii)* mit Gräsern wie der Rutenhirse *(Panicum virgatum)*, die auf allzu leichten Böden nicht optimal wächst.

Den Übergang von der Steppe zum Steingarten bildet die so genannte Felssteppe, in der größere flache Steine und Trittplatten möglichst natürlich wirkend so integriert werden, dass Polsterpflanzen locker darüber und zwischen ihnen hindurch wachsen können. Dafür verwendet man am besten kräftig wachsende Stauden, die auch optisch mit den Steppenpflanzen harmonieren, zum Beispiel die Poscharsky-Glockenblumen *(Campanula poscharskyana)*, Thymian *(Thymus ×*

Gräser und Zwiebelblumen
Wenn der Kugel-Lauch *(Allium sphaerocephalum)* blüht, setzt das Zittergras *(Briza media)* bereits Samen an.

citriodorus) und Missouri-Nachtkerze *(Oenothera macrocarpa),* aber auch die bereits im Frühjahr blühende Schleifenblume *(Iberis sempervirens),* die immergrünes Laub besitzt. Zwischen den Polsterpflanzen finden niedrige Bart-Iris Platz, die mit ihren edelsteinbunten Blüten der Blickfang in den Monaten April und Mai sind. Locker verteilt erheben sich dahinter Lavendel *(Lavandula angustifolia)* und Salbei *(Salvia officinalis),* ergänzt von den rundlichen Hügeln der erst im Herbst blühenden Fetthenne *(Sedum telephium).*

Spornblumen *(Centranthus ruber)* dürfen sich selbst aussäen und vagabundieren auf diese Weise durch das Beet, ohne je lästig zu werden. Auch zahlreiche Zwiebelblumen finden einen geeigneten Platz, von früh blühenden Krokussen *(Crocus sieberi)* bis zu sommerblühenden Zier-Lauchen *(Allium sphaerocephalum* und *A.* 'Globemaster'), deren Kugelblüten alle anderen Pflanzen überragen. Die Zwergform des Chinaschilfs (*Miscanthus sinensis* 'Yakushima Dwarf') sprengt mit einer Höhe von 80 cm nicht die Dimensionen der Pflanzung und bleibt bis weit in den Winter hinein attraktiv.

Auch im klassischen Staudenbeet machen Gräser eine gute Figur. Im hinteren Bereich der Rabatte kann man hohe Gräser wie *Miscanthus* oder das Riesen-Federgras *(Stipa gigantea)* verwenden. Das Pampasgras *(Cortaderia selloana)* ist etwas schwierig zu kombinieren und wird meist als Solitär verwendet, aber die Zwergsorte 'Pumila' wächst nur 120 cm hoch und macht auch zwischen Stauden eine gute Figur.

Uferrandbepflanzung

Japan-Waldgras *(Hakonechlosa macra* 'Aureola') und Zwergbambus.

Noel Kingsbury

Noel Kingsbury steht für den Wiedereinzug des Naturalismus in die Gartengestaltung.

Der Einzug des Naturalismus in die Gärten

Die Fortführung der Naturgartenbewegung von Noel Kingsbury

Noel Kingsbury steht für einen sehr naturalistischen Gartenstil. Sein Interesse gilt den einheimischen, aber gartenwürdigen Stauden und Gräsern, die er mit nicht einheimischen Pflanzen kombiniert. So lässt er sich von Wiesen und Weiden inspirieren und ist beeindruckt von deren Artenvielfalt, die auf manchmal nur einem

Naturalistische Staudenbeete (links)
Die großzügigen Pflanzungen von Noel Kingsbury wirken immer sehr natürlich.

Präriestauden (rechts)
Verschiedene Präriestauden wie Sonnenhut *(Rudbeckia)*, Salvien *(Salvia)*, Zier-Lauch *(Allium)* und Königskerzen *(Verbascum)* mit Gräsern, darunter das Frauenhaargras *(Nasella tenuissima)*.

Quadratmeter zu finden ist. Die Arbeit mit diesen Pflanzen ist in seinen Augen eine gute Gelegenheit, der Natur ganz nah zu sein und sich ein Stück Natur in den Garten zu holen.

Sein eigentliches Vorbild ist dabei William Robinson, ein Pionier der Naturgartenbewegung des 19. Jahrhunderts, der sich mit Wildblumenwiesen beschäftigte und die einheimische Flora in den Blickpunkt rückte.

Noel Kingsbury blickte jedoch auch nach Übersee, traf den berühmten brasilianischen Maler und Gartenarchitekten Roberto Burle Marx und befreundete sich mit James van Sweden, mit dem er auch etliche Projekte zusammen verwirklichte.

Eine Offenbarung für ihn war jedoch die Pflanzenverwendung in Deutschland, er war beeindruckt von der reichen Tradition der Pflanzensoziologie, die durch Richard Hansen geprägt wurde. So faszinierten ihn Orte wie der Westpark in München sehr. Auch die Freundschaft zu Piet Oudolf prägte seine eigene Arbeit, er bewunderte seine sehr klaren, architektonischen Gestaltungen, die gepaart sind mit einer ungeheuren Pflanzenleidenschaft.

Heute arbeitet Noel Kingsbury als Berater für Kommunen und in einer Lehrtätigkeit an der Universität Sheffield in Großbritannien. Er experimentiert mit wiesenartigen Mischpflanzungen für das öffentliche Grün, die ganzjährig attraktiv bleiben und wenig Pflege benötigen. Er ist Autor zahlreicher Gartenbücher und schreibt für verschiedene Gartenmagazine.

Wurden Rosen früher meist in uniformen Gruppen gepflanzt, versucht man heute, sie mit Stauden, Gräsern und Gehölzen zu kombinieren. Dies hat auch zu einer Verlagerung im Sortiment geführt. Aufrechte Edelrosen und kniehohe Beetrosen in grellen Farben sind nicht mehr so stark gefragt, stattdessen sind zahlreiche neue Sorten, die als so genannte Kleinstrauchrosen bezeichnet werden, auf den Markt gekommen. Es handelt sich dabei allerdings um keine homogene Gruppe, sondern um Rosen mit sehr unterschiedlichen Wuchseigenschaften. Der Wuchs kann relativ aufrecht, überhängend oder sogar fast niederliegend sein. Gerade Letztere werden eher zur flächigeren Pflanzung verwendet, vor allem im öffentlichen Grün. Die anderen beiden Formen eignen sich hingegen hervorragend zur Kombination mit Stauden und Gräsern. Mit einer Höhe von 1–1,20 m bilden sie einen Übergang zu den klassischen Strauchrosen. Aber auch die höheren Strauchrosen lassen sich sehr gut mit Stauden und Gräsern kombinieren, wenn man sie eher in den Hintergrund pflanzt.

Werden Rosen mit anderen Pflanzen im Beet vergesellschaftet, sollte man eines beachten: Rosen, bis auf einige Wildrosen wie *Rosa spinosissima* oder *R. rugosa* haben einen relativ hohen Nährstoffbedarf und fühlen sich in kräftigen

Gräser und Rosen

Wie vieles in der Gartenkultur unterliegt auch die Verwendung von Rosen einer ständigen Veränderung.

Lehmböden am wohlsten. Die Begleitpflanzen sollten also ähnliche Ansprüche haben. Damit scheiden Gräser, die trockene, magere Standorte benötigen, als Rosenbegleiter aus. Außerdem sollten Rosen nicht von Nachbarpflanzen bedrängt werden. Beim Pflanzen muss ein genügend großer Abstand gehalten werden. Gräser, die sich durch Wurzelausläufer stark ausbreiten, würden den Rosen schnell zu nahe kommen und stellen daher keine idealen Pflanzpartner dar.

Unter den Gräsern gibt es etliche Vertreter, die mit Rosen harmonieren, zum Beispiel das Plattährengras *(Chasmanthium latifolium)*, die Rutenhirse *(Panicum virgatum)*, die sich im Herbst prächtig rot färbt, oder das Goldbartgras *(Sorghastrum nutans)*. Sie alle zeichnen sich durch eine mittlere Höhe und verträgliche Wuchseigenschaften aus. Blütenstände und Herbstfärbung harmonieren hervorragend mit Rosenblüten aller Farben. Das Diamant-Reitgras *(Calamagrostis brachytricha)* begeistert durch seine lange Blütezeit von Juni bis September, wird 1,20–1,50 m hoch und umschmeichelt besonders Kleinstrauchrosen mit etwas ausladenderem Wuchs. Auch das Riesen-Pfeifengras *(Molinia arundinacea)* eignet sich für die Kombination mit Rosen, obwohl es eigentlich ein Gras der Heidelandschaften und Moore ist. Dank seiner breiten Standortamplitude kommt es aber auch mit gut versorgten Gartenböden bestens zurecht. Seine Blütenhalme erreichen zwar ohne Weiteres Mannshöhe, doch gerade durch seine transparente Erscheinung wirkt es nicht zu dominierend. Mit *Molinia caerulea* 'Edith Dudzus' steht auch eine niedrigere, sehr standfeste Sorte zur Verfügung, die zudem ihre schöne braune Herbstfärbung bis in den Winter hinein behält.

HOHE GRÄSER IM HINTERGRUND

Wer im Rosenbeet nicht auf die Riesen unter den Gräsern verzichten möchte, sollte sie in den Hintergrund pflanzen, mit genügend großem Abstand, da sie sich im Lauf weniger Jahre zu mächtigen Horsten entwickeln werden. Davor können sich zum Beispiel unterschiedlich hohe Strauchrosen in Szene setzen. Moderne Strauchrosen blühen oft bis in den November hinein. Mit wildhaft anmutenden ungefüllten oder halbgefüllten Sorten korrespondieren die hohen Gräser am besten. Gut geeignete Sorten sind zum Beispiel 'Pink Meidiland', 'Pretty Snow', die alte, aber immer noch unübertroffene 'Golden Wings' oder die halbgefüllte leuchtend rote 'Triade'. Neben den schon häufiger erwähnten *Miscanthus*-Sorten findet hier auch das Zottenraugras *(Spodiopogon sibiricus)* Platz, dessen Herbstfärbung in allen Rot- und Brauntönen changiert.

Gräser und Alte Rosen (oben links) Lampenputzergras *(Pennisetum)* und die Historische Rose 'Old Blush'.

Symphonie in Rosa (gegenüber) Gräser wie das Federgras *(Stipa calamagrostis* und *s. gigantea)* bereichern diese gemischte Rabatte aus Rosen und Stauden.

Gräser und Gehölze

Nicht nur unter den Gräsern, sondern auch unter den Gehölzen finden sich viele Arten und Sorten mit prächtiger Herbstfärbung. So liegt es nahe, durch geschickte Kombination beider Gruppen die Wirkung noch zu steigern.

Hellgrüne Gräser vor dunkler Gehölzkulisse
Japan-Waldgras *(Hakonechloa macra* 'Aureola'), Goldleistengras *(Spartina pectinata* 'Aurecmarginata') und Stauden am Gehölzrand.

Herbstfeuerwerk (rechts)
Niedriges Chinaschilf begleitet den Kork-Spindelstrauch *(Euonymus alatus),* ohne sich in den Vordergrund zu drängen.

Die Blätter der meisten Hartriegel *(Cornus)* verfärben sich im Herbst spektakulär in alle Orange- und Rottöne. Besonders die Sorten von *Cornus kousa* sind hier zu erwähnen. Die Rutenhirse *(Panicum virgatum)* nimmt diese Farben auf und ergibt zusammen mit kleinblütigen Wild-Astern eine wunderbare Vorpflanzung.

Viele Gräser, unter ihnen beispielsweise Marbeln *(Luzula)*, viele Seggen *(Carex)* und auch das Japan-Waldgras *(Hakonechloa macra)* gedeihen am besten im Halbschatten und lichtem Schatten und sind daher für die Unterpflanzung von Gehölzen prädestiniert. Gerade unter den Seggen gibt es zahlreiche Sorten mit panaschiertem oder gelbem Laub. Sie hellen dunkle Stellen im Beet oder Garten wirkungsvoll auf und verlängern Blickachsen. Geeignet sind zum Beispiel *Hakonechloa macra* 'Aureola' oder auch die weiß gestreifte Form 'Albostriata', die noch wüchsiger ist. Wer noch ein wirkungsvolles Gras für den Frühling benötigt, kann auf das Gold-Flattergras *(Milium effesum* 'Aureum') zurückgreifen, das im Frühjahr goldgelb austreibt und im Laufe des Sommers zu einem gefälligen Hellgrün wechselt.

Gräserdriften
Hohe Eibenhecken geben dieser Pflanzung Rahmen und optischen Halt. Dazwischen stehen Stauden und Gräser in großzügigen Driften.

Auf der Suche nach pflegearmen Pflanzenkombinationen für öffentliche Flächen und private Gärten sind Präriegärten und Steppenpflanzungen die Gestaltungsform der ersten Wahl. Zudem hat sich ein Trend etabliert, Pflanzen möglichst in ähnlicher Weise zu verwenden, wie sie auch in der Natur wachsen; also nicht sorgfältig abgestuft und arrangiert, sondern kraftvoll in großen Gruppen und ineinanderfließend. Die Hochgrassteppe beinhaltet dabei Stauden und Gräser, die einen nährstoffreichen und frischen Boden wünschen.

Entgegen der landläufigen Meinung ist die Prärie nicht mit der Steppe gleichzusetzen, obwohl die meisten Pflanzen zeitweilige Trockenheit ganz gut überstehen. Zu den typischen Staudenvertretern dieses Lebensraums gehören Sonnenhut *(Rudbeckia),* Sonnenbraut *(Helenium)*

und Roter Sonnenhut *(Echinacea)* sowie bei den Gräsern das hohe Bartgras *(Andropogon gerardii)*, das Goldbartgras *(Sorghastrum nutans)* und das Prärie-Bartgras *(Schizachyrium scoparium)*.

Die Kurzgrasprärie ist trockener und nährstoffärmer. Sie beheimatet beispielsweise das Moskitogras *(Bouteloua gracilis)* und das Tautropfengras *(Sporobolus heterolepis)*. Das Bärengras *(Xerophyllum tenax)* heißt zwar wie Gras, ist aber eine Staude mit Blütenständen, die denen einer Graslilie ähneln, und schmalem, grasartigem Laub.

Für den eigen Garten ist man zum Glück keineswegs verpflichtet, sich sklavisch an geografisch-botanische Zuordnungen zu halten, und kann ganz nach Geschmack zum Beispiel europäische und asiatische Stauden mit nordamerikanischen Gräsern kombinieren, soweit sie in ihren Ansprüchen und ihrem Charakter harmonieren.

Präriepflanzungen
Typisch für Präriepflanzungen sind zahlreiche verschiedene Korbblütler wie Sonnenhut *(Rudbeckia)* und Sonnenbraut *(Helenium)*. Aber erst durch einen großzügigen Einsatz von Gräsern wird das Beet zur Präriepflanzung.

Präriegärten

Viele Pflanzen der nordamerikanischen Prärie werden schon lange in der Gartengestaltung eingesetzt, ohne dass man sich ihrer Herkunft explizit bewusst war.

Strukturbildende Gräser
Gräser bilden das Grundgerüst dieser Pflanzung. Sommerblumen und kurzlebige Stauden breiten sich dazwischen aus.

Piet Oudolf

Piet Oudolf ist bekannt für seine Kombinationen aus ornamentalen Gräsern und skulpturalen Stauden

Präriepflanzungen und Gräserwiesen

Piet Oudolf – Erschaffer reizvoller Kombinationen aus Formschnittgehölzen und Gräserpflanzungen.

Piet Oudolf gehört zu den erfolgreichsten und innovativsten Gartengestaltern unserer Zeit. Er ist besonders für den Einsatz von filigranen wie ornamentalen Gräsern mit skulpturalen Stauden in wiesenartigen Verbänden bekannt. In von ihm entworfenen Anlagen und Gärten verweben sich die Pflanzen ineinander, Pflanzgruppen wiederholen sich und schaffen ein reizvolles grob-

Geschwungene Linien
(links oben)
In den Schaugärten in Hummelo finden sich zahlreiche reine Gräserbeete. Im Herbst und im Winter bieten sie einen spektakulären Anblick.

Gräser und Skulpturen
(links runten)
Kombinationen von hohen Doldenblütlern und Riesengräsern sind ein Markenzeichen Oudolf'scher Gartengestaltungen.

Hecken und Präriestauden
(gegenüber)
Eine typisches Oudolf-Gestaltung mit streng geschnittenen Eibenhecken. Verschiedene Gräser werden von großzügigen Staudenpflanzungen begleitet.

oder engmaschiges Muster. Piet Oudolf verwendet vorrangig Stauden mit einem natürlichen Wildcharakter für seine Pflanzenkompositionen

In seiner Gärtnerei in Hummelo, die er gemeinsam mit seiner Ehefrau Anja betreibt, vermehrt und züchtet er vor allem Stauden und Gräser, die er dann in seinen Pflanzungen verwendet. Auch viele Neuzüchtungen sind so schon entstanden. In den Schaugärten schaffen geschnittene Hecken aus Buchs und Eiben reizvolle Kontraste zu seinen malerischen Pflanzenkompositionen. Dabei legt er vor allem Wert darauf, dass die Pflanzungen zu allen Jahreszeiten, also auch im Winter, attraktiv und anziehend aussehen. Er genießt den Zyklus vom Austrieb – der Geburt – bis zum Absterben – dem Tod.

Er ist ein Verfechter, die Potenziale auch abgestorbener Pflanzen im Winter zu wecken, wenn Raureif oder Schnee die Gartengewächse „verzaubern". Seine Pflanzungen betonen das Spiel mit dem Licht und der Bewegung. Er konzentriert sich bei der Pflanzenauswahl nicht nur auf die Blütenfarbe, sondern auch auf die Form der Pflanzen, teilt sie in verschiedene Gruppen, wie Dolden, Spitzen, Rispen oder Knöpfchen ein. Die Pflanzen werden aber auch nach Eigenschaften wie Standfestigkeit, Robustheit und Blühdauer ausgesucht.

So kopiert er die Natur nicht, sondern möchte ein Naturgefühl vermitteln, man könnte vielleicht auch sagen, er überhöht die Natur künstlerisch.

Piet Oudolf arbeitet heute international und gestaltete öffentliche und private Gärten in den unterschiedlichsten Ländern wie Holland, Schweden, Großbritannien und den USA.

Gräser als Kübelpflanzen

Pflanzen in Töpfen zu pflegen, kann die verschiedensten Gründe haben. Auf der Terrasse oder dem Balkon lassen sich auf diese Weise Sommerblumen, Stauden, Gehölze – und Gräser kultivieren.

Besonders attraktive Gräser können einzeln in dekorative Gefäße gepflanzt werden, setzen Akzente und werden so zu einem Blickfang. Auch können einzelne Pflanzen so heikel sein, dass man sie lieber unter gesonderter Beobachtung behält, oder ihre Ansprüche sind im Beet schwierig zu erfüllen, wenn der Boden zu nass, zu trocken oder zu kalkhaltig ist.

Im Garten lassen sich mit Pflanzen, und natürlich auch mit Gräsern, besondere Akzente setzen. Überhängende Gräser, etwa viele *Carex*-Arten, kommen viel besser zu Geltung, wenn sie ihre Blattschöpfe elegant über ein Gefäß fließen lassen dürfen. Am besten sind sie in Augenhöhe, zum Beispiel auf einem Postament, aufgehoben, damit man die feine Blattzeichnung oder anderen Zierwert genau betrachten kann.

Auch zu mehreren können Gräser in Töpfen sehr hübsch aussehen. Einige Exemplare des Frauenhaargrases *(Nasella tenuissima)* nebeneinander in einem länglichen Topf zusammengepflanzt machen sich zum Beispiel sehr gut auf einer Mauerkrone an der Terrasse oder sorgen für filigranes Beiwerk in gemischten Pflanzkübeln.

Aufs Podest gestellt (oben rechts)
Die Gelbbunte Segge *(Carex oshimensis* 'Evergold') präsentiert ihr überhängendes, gestreiftes Laub in Augenhöhe.

Frühlingskombinationen (Mitte)
Weiße lilienblütige Tulpen mit weinroten Stiefmütterchen und frisch austreibenden Gräsern kombiniert.

Vornehmes Silbergrau (gegenüber)
Der Kontrast zwischen dem feinen Blau-Schwingel und dem filzigen Laub der Königskerze verleiht diesen Pflanzkübeln eine besondere Eleganz.

Wohlfühloase im Garten
Beim Entspannen im Liegestuhl ist man dank der Umrahmung mit hohen Gräsern vor neugierigen Blicken geschützt.

Hinter mannshohen Halmen von Chinaschilf und Co. lässt es sich in Ruhe sonnenbaden; und wenn Laub und Halme erst im zeitigen Frühjahr zurückgeschnitten werden, bleibt der Sichtschutz den Winter über bestehen. Bis zum Sommer wächst dann auch wieder alles nach. Neben den hohen *Miscanthus*-Sorten eignen sich noch weitere Arten für Sichtschutz-Zwecke. Das Pfahlrohr *(Arundo donax)* wird bis zu 4 m hoch und breitet sich durch kurze Rhizome nicht invasiv und langsam aus. Durch den erforderlichen Rückschnitt im Frühling ist dieses Gras allerdings erst ab dem frühen Sommer so hoch, dass es fremde Blicke zuverlässig abhalten kann. Bei der Verwendung ist jedoch zu beachten, dass das Pfahlrohr nur eingeschränkt winterhart und daher lediglich für mildere Gegenden geeignet ist.

Ganz hervorragend ist Bambus für zuverlässigen Sichtschutz verwendbar. Alle Arten sind immergrün und wirken zu jeder Jahreszeit attraktiv. Vor allem Arten und Sorten, die horstförmig wachsen, können in Kübeln kultiviert werden, solange diese groß genug sind und die Pflanzen genügend Wasser und Nährstoffe erhalten, und dies natürlich auch im Winter.

Soll der Sichtschutz an der Grundstücksgrenze errichtet werden, ist zur Grenze hin unbedingt eine Rhizomsperre zu errichten, außer bei Bambussen der Gattung *Fargesia*. Fast alle anderen Arten breiten sich recht ungehemmt durch Rhizome aus, was nicht nur auf dem Nachbargrundstück unbedingt unerwünscht sein wird. Auch die Grenzen der Ausbreitung auf dem eigenen Grundstück sollten durch eine Rhizomsperre

absteckt werden. Innerhalb der Rhizomsperre wird der Bambus in kurzer Zeit einen dichten Halmwald bilden. Für eine Sichtschutzhecke eignen sich am besten mittelhohe Bambusarten, zum Beispiel *Fargesia murielae* 'Jumbo' und 'Dragon', *Fargesia* 'Jiuzhigou', *Phyllostachys humilis* oder auch *Pseudosasa japonica*. Lediglich Fargesien benötigen keine Rhizomsperre, da sie horstartig wachsen. Trotzdem haben ausgewachsene Pflanzen einen Platzbedarf von mehreren Quadratmetern! Alle genannten Arten werden in Mitteleuropa nicht höher als 3–4 m.

Viele durch unterirdische Rhizome wuchernde Vertreter können aber auch dauerhaft in großen Kübeln kultiviert werden. Sie wachsen dann aber insgesamt schwächer, ihrer Ausbreitungsfreude sind aber klare Grenzen gesetzt. Bambus in Kübeln hat auch den Vorteil, dass man ihn je nach Bedarf immer wieder umstellen kann, wo man eben gerade Sichtschutz benötigt. Bei der Wahl des Kübels ist die ungeheure Wuchskraft der Rhizomspitzen zu beachten – das Material muss also ausreichend stabil sein.

Aus Bambus lassen sich auch Sichtschutzwände bauen. Dazu errichtet man Rahmen aus dicken stabilen Halmen, während für die Füllung dünne biegsamere Halme verwendet werden. Je nach Geschicklichkeit wählt man einfache oder kompliziertere Flechtmuster – der Fantasie sind keine Grenzen gesetzt. Flechttechniken für Weiden eignen sich genauso gut für Bambus.

Pergola mit asiatischem Charme
Eine Bambushecke ist ebenso dicht wie die klassische Thujahecke, ebenfalls immergrün, aber viel frischer und schöner.

Gräser als Sichtschutz

Gräser wachsen schnell und sorgen mit ihren raschelnden Halmen für perfekten Sichtschutz im Garten.

Im Waldgarten

Am Gehölzrand, unter Bäumen und Sträuchern und in schattigen Bereichen des Gartens an Gebäuden haben Gräser einen großen Auftritt.

Im Wald, also unter hohen Gehölzen, findet sich meist humoser frischer Boden, dazu ist die Luftfeuchtigkeit höher als auf freien Flächen, und die Temperaturen sind ausgeglichener und eher kühl. Große Schwankungen im Tages- und Nachtverlauf sind selten. In Laubwäldern gelangt lediglich in den Wintermonaten, wenn die Bäume ihre Blätter verloren haben, eine größere Lichtmenge bis zum Boden. In der übrigen Zeit ist es je nach Standort lichtschattig bis schattig. Viele Stauden, Farne und Gräser finden hier hervorragende Lebensbedingungen. Auch im Garten finden sich oft schattige Stellen; meist unter einzelnen alten Bäumen oder an hohen Gebäuden.

Der Waldrand hingegen ist meist halbschattig, das heißt, zumindest für mehrere Stunden täglich gelangen direkte Sonnenstrahlen an den Standort. Viele Gräser der Freiflächen kommen problemlos mit zeitweiligem Schatten zurecht, aber genauso gut vertragen auch typische Schattengräser eine zeitweilige Sonnenbestrahlung.

SCHATTEN

Wer für schattige Bereiche im Garten attraktive und pflegeleichte Gräser sucht, sollte sich auf jeden Fall mit der Gruppe der Seggen *(Carex)* befassen. Hier finden sich auch zahlreiche panaschierte Formen, meist weiß oder gelb gestreift. Mit ihnen lässt sich sehr wirkungsvoll Farbe ins Unterholz bringen. Seggen können in Gruppen zwischen Bodendeckern und Stauden gepflanzt werden, aber auch in großen Mengen selbst als Bodendecker eingesetzt werden. Viele Arten sind immergrün und dadurch besonders wertvoll. Auch mit nassen Standorten kommen etliche Arten gut zurecht, zum Beispiel die Morgenstern-Segge *(Carex grayii)*. Ihre Standortamplitude reicht bis hin zur Flachwasserzone von Gewässern. Die Blüten lassen sich auch gut für Blumenarrangements verwenden.

Aus der Abteilung der „Gestreiften" seien hier besonders hervorgehoben: Die Weißrand-Kegelsegge *(Carex conica* 'Snowline'), die kurze Ausläufer bildet und dabei aber nie invasiv wird; die Japan-Segge *(Carex morrowii* 'Aureomarginata' und 'Gilt'), beide sehr auffällig gerandet; die mit 15 cm ganz niedrig bleibende Vogelfuß-Segge *(Carex ornithopoda* 'Variegata') und die gelb und weiß gestreifte *Carex oshimensis* 'Evergold'. Bei *Carex* 'Silver Sceptre' handelt es sich um eine Hybride, sie ist durch reichliche Ausläuferbildung in der Lage, langsam eine dichte Bodendecke zu bilden.

Auch unter den Marbeln oder Simsen *(Luzula)*, der anderen großen Gruppe wichtiger Schattengräser, finden sich panaschierte oder gelblaubige Sorten, die Helligkeit und Lichttupfer auf den Waldboden zaubern. Bei wintergrünen Wald-Marbel *(Luzula sylvatica)* gehört die ältere Foerster-Sorte 'Marginata' immer noch zum Standardsortiment. 'Aurea' unterscheidet sich von ihr durch breitere gelbe Blattränder. 'Tauernpass' hingegen ist ein Zufallsfund, der sich durch hellgrünes Laub und kräftigen Wuchs auszeichnet.

Zyperngras-Segge (oben)
Carex pseudocyperus besitzt elegant nickende Blüten- und Samenstände.

Waldrandbepflanzung (gegenüber)
Am sonnigen Waldrand fühlt sich das Riesen-Pfeifengras *(Molinia arundinacea)* wohl.

Lichtschattiger Waldrand

Auch in der Gesellschaft klassischer Waldrandstauden macht Chinaschilf *(Miscanthus sinensis)* eine gute Figur.

Vergesellschaften lassen sich die vorgestellten Gräser am besten mit niedrigen Schattenstauden. Die Schaumblüte *(Tiarella cordifolia)* breitet sich schnell zu kleinen Teppichen aus. Ihre weißen Blüten stehen in dichten Kerzen, zusätzlich weist das Laub der 20 cm hohen Pflanze eine braune Zeichnung auf. Sie ist ideal für den Vordergrund und kann auch als Bodendecker verwendet werden. Weiterhin seien die verschiedenen Purpurglöckchen *(Heuchera* und *Heucherella)* sowie die vielfältigen Funkien *(Hosta)* und Farne in allen Farben und Formen genannt.

Für den Vordergrund geeignet sind die filigranen Schatten-Steinbreche (zum Beispiel *Saxifraga × urbium*, *S. trifurcata* oder *S. geum*). Hübsch gezeichnetes Laub und kleine weiße Blüten sind die Vorzüge dieser kleinen Edelsteine.

Eine Rarität ist der Japanische Waldmohn *(Hylomecon japonica)*. Dabei sind seine Vorzüge unübersehbar: kräftig gelbe Mohnblüten, dichter kompakter Wuchs und die frühe Blütezeit im April. Er wird etwa 20–30 cm hoch und lässt sich gut mit Kissen-Primeln *(Primula veris)* und Frühlings-Platterbsen *(Lathyrus vernus)* kombinieren.

Steppe am Waldrand (oben)
Eine Steppenpflanzung ist vor dunkler Gehölzkulisse besonders wirkungsvoll.

Spiel mit den Formen (unten)
Allein mit Blatt- und Wuchsformen lassen sich aufregende Gartenbilder erzeugen. Großblättrige Stauden wie Tafelblatt *(Darmera)*, Schaublatt *(Rodgersia)* und Funkien *(Hosta)* bilden den Gegenpart zu feinem Gräserlaub.

LICHTER SCHATTEN

Für lichtere Bereiche am Gehölzrand oder auf Lichtungen ist Japan-Waldgras *(Hakonechloa macra)* perfekt. Mit seinem überhängenden, wasserfallartigen Wuchs ist es eine ideale Vorpflanzung für Japanische Ahorne und andere Gehölze, die sich im Herbst prächtig verfärben. Der Kontrast zwischen dem roten Herbstlaub und dem immer noch frisch hellgrünen oder grüngelb gestreiften Laub der Sorte 'Aureola' bietet einen fantastischen Anblick. Mit 1,20 m wesentlich höher wird das Gold-Flattergras *(Milium effesum* 'Aureum'), das sich gut mit Waldrandstauden kombinieren lässt. Auch die Hänge-Segge *(Carex pendula)* ist hochwüschig und entwickelt sich zudem zu großen attraktiven Horsten.

Bei den Staudenpartnern seien die ab Juli bis in den Oktober hinein blühenden verschiedenen Silberkerzen-Arten *(Cimicifuga racemosa* var. *cordifolia, C. ramosa* und *C. simplex)* genannt. Sie erreichen stattliche Höhen von bis zu 2 m und schmücken sich allesamt mit cremeweißen, filigranen Blütenkerzen. Ist der Boden genügend humos und frisch, können Silberkerzen jahrelang

ohne besondere Pflege und Umpflanzen am gleichen Standort im Beet verbleiben.

Die blauen Eisenhüte *(Aconitum carmichaelii* und *A. napellus)* sind als zuverlässige herbstblühende Schattenstauden bekannt, der weiß blühende *A. lycotonum* ssp. *lycotonum* 'Ivorine' und der schon im Frühjahr hellgelb blühende *A. lycotonum* ssp. *vulparia* warten hingegen noch auf ihren Durchbruch. Mit ihren hellen Blütenfarben bringen sie Lichtpunkte in dunkle Ecken.

Eine wundervolle Schattenstaude von zarter Schönheit ist die Dreiblattspiere *(Gillenia trifoliata)*, die leider viel zu wenig bekannt ist. Ihre kleinen hellrosa Blüten tanzen wie Schmetterlinge über dem zierlichen dunklen Laub. Sie blüht im Juni/Juli und wird etwa 70 cm hoch.

Die Wachsglocke *(Kirengeshoma palmata)* ist ein interessanter Gast aus Asien. Neben ihrem ahornförmigen Laub überzeugt sie auch durch ihre zartgelben Glockenblüten, die sich ab Juli an der etwa 80 cm hohen Staude zeigen.

Von fremdartiger Schönheit ist die Krötenlilie *(Tricyrtis hirta)*, die ebenfalls aus Asien stammt. Ihre Blüten haben ein faszinierendes Tupfenmuster in Rosa- und Lilatönen. Trotz ihres zerbrechlichen Aussehens ist sie robust und wächst auf humosem, lockerem Boden zu stattlichen Horsten heran.

Die Blütenkerzen des weißen Entenschnabel-Felberichs *(Lysimachia clethroides)* erscheinen im Spätsommer an einer etwa 60 cm hohen Pflanze. Sie sind bogenförmig geneigt und erinnern in der Form tatsächlich an einen Entenschnabel. Am besten wirkt diese Staude in großen Beständen. Ihre Blütenstängel lassen sich sehr gut für Blumenarrangements verwenden.

Ein schöner Frühsommerblüher ist die Akeleiblättrige Wiesenraute *(Thalictrum aquilegifolium)* mit ihren rosa oder weißen Blütenständen, die kleinen Puderquasten ähneln. Sie wächst bis zu 1,20 m hoch und benötigt einen sauren Boden.

Exotischer Bambushain
Hohe Bambushalme sorgen für Schatten im Garten. Der Waldboden ist mit unterschiedlichen Farnen bepflanzt.

Am Teichrand

Ein Teich ohne Gräser kommt in der Natur eigentlich nicht vor. Immer befindet sich ein Schilf- und Riedgürtel in den Randzonen. Dort können sich Enten und andere Wasservögel zurückziehen und brüten.

Teichrandbepflanzung (oben)
Gräser und Stauden mit ähnlichen Blattformen.

Formaler Teich (gegenüber)
Bambushalme als Kunstobjekt. Im Vordergrund im Trockenbereich das Frauenhaargras *(Nasella tenuissima)*.

Auch ein Gartenteich fügt sich erst dann natürlich in die Umgebung ein, wenn das Ufer mit typischen Wasserrandstauden und eben auch Gräsern bepflanzt werden. Dabei müssen es gar nicht mannshohe Gewächse sein, die einen kleinen Teich auch leicht optisch erdrücken. Selbst bei den Rohrkolben gibt es schwachwüchsige, und statt Schilfrohr kann man das Glanzgras *(Phalaris arundinacea)* verwenden, dessen buntlaubige Sorte 'Mervin Freesey' nicht nur besonders zierend ist, sondern auch weniger wuchert als die

Sitzplatz am Teich (oben)
Gräser und Blutweiderich *(Lythrum salicaria)* ergänzen sich perfekt.

Kleiner Teich (unten)
Eine abwechslungsreiche Ufergestaltung mit Gräsern und verschiedenen Stauden.

Art und nicht höher als 150 cm wird. Eine weitere wichtige Gräsergruppe für den Wasserrand sind die Binsen *(Juncus)*, aber auch einige Seggen fühlen sich in Wassernähe am wohlsten.

TEICH UND UFERZONE

Bei der Bepflanzung des Teichrands sind einige grundsätzliche Aspekte zu beachten: Der Übergang von der Wasserfläche zum trockenen Ufer besteht aus drei Zonen, die unterschiedlich feucht sind. In der Sumpfzone steht das Wasser dauerhaft mehrere Zentimeter hoch, das heißt, hier fühlen sich Pflanzen wohl, die dauerhaft „nasse Füße" haben möchten.

In der Feuchtzone trocknet der Boden nicht aus, der Wasserstand kann aber je nach Niederschlagsmenge von 0 bis ca. 5 cm schwanken. Wie breit die Feuchtzone ist, hängt von der Verlegung der Teichfolie ab und ob das Ufer eher steil oder flach angelegt ist.

In der Trocken- oder Teichrandzone herrschen in der Regel frische Bodenverhältnisse, die sich nicht wesentlich von den übrigen Bereichen im Garten unterscheiden. Alle Gartenstauden, die frischen, kräftigen Boden bevorzugen, eignen sich für diesen Bereich.

Bei der Auswahl der Stauden und Gräser für die Trockenzone kann man also gestalterische Aspekte in den Vordergrund stellen. Am besten eignen sich Stauden, die den Eindruck von Wiesenblumen vermitteln.

Nasse Füße wünscht sich die Blaugrüne Binse *(Juncus inflexus)*, die mit 50 cm Höhe auch für kleine Teiche nicht zu groß wird. Die Zyperngras-Segge *(Carex pseudocyperus)* hat wunderschöne Blüten, neigt aber zum Wuchern. Deshalb sollte man sie in einen Pflanzkorb setzen und damit in Ufernähe versenken. Auch die Teichsimse *(Scirpus lacustris)* neigt ebenfalls zum Wuchern und sollte durch Pflanzung in einen Korb gezähmt werden. Die buntlaubige *Scirpus tabernaemontani* 'Zebrinus' breitet sich nicht ganz so stark aus und kann an größeren Teichen auch direkt in das Pflanzsubstrat gepflanzt werden. Eine zwergige Ausgabe des heimischen Rohrkolbens ist der Binsen-Rohrkolben *(Typha minima)*, der mit einer Höhe von 60 cm sogar in Mini-Teichen Platz findet. Die braunen Zylinderkolben sind zwar ebenfalls kleiner, aber

genauso zierend. Sie haften den ganzen Winter über und lassen sich auch für die Vase schneiden.

In der Feuchtzone mit frischem bis feuchtem Boden lassen sich fast alle Gräser verwenden, die einen solchen Boden bevorzugen. Die Palmwedel-Segge *(Carex muskingumensis)* ersetzt an kleinen Teichen das Schilfrohr. Die Gold-Segge *(Carex elata* 'Aurea') schmückt sich bereits im Frühjahr mit dunkelbraunen dichten Blütenähren und fällt danach durch ihre gelbgrünen Blätter auf.

Im normal trockenen Bereich kann man *Carex pendula*, *Miscanthus*-Sorten, das Zottenraugras *(Spodiopogon sibiricus)*, aber auch kleinere Bambus-Arten verwenden. Dazu passen Wiesen-Iris *(Iris sibirica)*, Taglilien *(Hemerocallis)*, Astilben und Felberich *(Lysimachia ciliata* und *L. clethroides*). Schon zu Beginn des Frühjahrs stehen Bergenien *(Bergenia)* in Blüte, ihr kräftiges Laub ist aber das ganze Jahr attraktiv. Wunderschön sehen bunte Etagen-Primeln *(Primula japonica* und *P. × bullesiana)* am Uferrand aus. Sie benötigen einen humosen, stets feuchten Boden.

Ist der Teich entsprechend groß, lassen sich ornamentale Blattstauden wie Mammutblatt *(Gunnera)*, Weidenblättrige Sonnenblume *(Helianthus salicifolius)*, Wasserdost *(Eupatorium)* oder Federmohn *(Macleaya cordata)* mit einbeziehen.

Sitzplatz am Teich
Das Chinaschilf *(Miscanthus sinensis)* im Hintergrund harmoniert perfekt mit dem im Wasser liegenden Quellstein.

Verwunschene Waldlichtung
Für natürlich wirkende Gartengestaltungen lässt sich sogar der wuchernde Bunte Wasserschwaden *(Glyceria maxima* 'Variegata') verwenden.

Die schönsten Gräser

Die Palette der Gräser, die für den Einsatz im Garten zur Verfügung steht, ist ungeheuer vielfältig. Ob sonnig, halbschattig oder schattig – für jeden Standort im Garten gibt es passende Gräser.

Systematik und Klassifizierung

Gräser werden in drei große Gruppen eingeteilt, Süßgräser, Sauergräser und Binsengewächse.

Im strengen Sinne sind eigentlich nur Süßgräser (Poaceae) als Gräser zu bezeichnen, daher werden sie auch als echte Gräser bezeichnet. Gärtnerich gesehen zählt man aber alle grasähnlich wachsenden Pflanzen zu den Gräsern.

SÜSSGRÄSER ODER ECHTE GRÄSER

Botanisch gehören Süßgräser der Ordnung Poales an, die nur aus einer einzigen Familie, eben den echten Gräsern oder Poaceae besteht. Die Familie der Süßgräser ist mit etwa 700 Gattungen und 10 000 Arten eine der größten und über den ganzen Erdball verteilt. Die echten Gräser sind die wichtigsten Nahrungsmittelpflanzen und Futterpflanzen für Mensch und Tier. Gewöhnlich besitzen echte Gräser zwittrige Blüten (also männliche und weibliche Bestandteile in einer Blüte). Die Bestäubung geschieht durch den Wind. Die

Carex montana (rechts)
Die Berg-Segge ist ein typischer Verteter der Sauer- oder Riedgräser (Cyperaceae).

Miscantus sinensis 'Strictus' (gegenüber oben)
Das Chinaschilf, hier eine Sorte mit quergestreiften Blättern, ist ein Vertreter der Süßgräser (Poaceae).

Juncus glaucus (gegenüber unten)
Binsen (Juncacae) besitzen typische, in Spirren angeordnete Blüten und runde Stängel.

einzelnen Blüten sind zu so genannten Ährchen zusammengefasst, diese wiederum zu ganzen Blütenständen (Ähren). Die einzelnen Blüten werden von Spelzen umhüllt, wobei die Deckspelze häufig mit einer borstenartigen Granne versehen ist. Die Stängel haben einen runden Querschnitt und in Abständen knotige Verdickungen (Nodien). Auch Bambus gehört zu den echten Gräsern.

SAUERGRÄSER ODER RIEDGRÄSER

Auch die Sauergräser, die der Ordnung Cyperrales angehören, bestehen nur aus einer Familie, botanisch Cyperaceae. In ihrer Erscheinung sind sie den echten Gräsern recht ähnlich, allerdings haben sie im Unterschied zu jenen in der Regel dreikantige Stängel und meist keine knotigen Verdickungen. Die Stängel sind im Gegensatz zu denen der Süßgräser nicht hohl, sondern mit Mark gefüllt. Pflanzengeschichtlich sind die Sauergräser viel älter als die Süßgräser, ihnen gehören auch deutlich weniger verschiedene Arten an. Ihre Blüten können ein- oder zweigeschlechtig sein, meist sind die Einzelblüten in Ähren angeordnet. Auch hier erledigt der Wind die Arbeit des Bestäubens. Viele Sauergräser besiedeln feuchte bis nasse, schattige Standorte.

BINSENGEWÄCHSE ODER SIMSEN

Ebenso wie bei den beiden anderen Familien sind auch die Binsen (Juncaceae) die einzige Familie, die der Ordnung der Juncales angehört. Sie ist die kleinste der drei Familien, ihr gehören lediglich neun Gattungen an. Binsen haben einen runden Stängelquerschnitt, und die Stängel sind stets mit Mark gefüllt und auch nicht durch Knoten unterteilt. Die Blüten, die ebenfalls durch den Wind bestäubt werden, sind in Form von Spirren angeordnet. Dabei sind die randständigen Einzelblüten länger gestielt, sodass sich eine Art Trichterdolde ergibt. Binsen sind immergrün und leben schwerpunktmäßig wie die Sauergräser an feuchten bis nassen Standorten, häufig auf saurem Boden.

Binsen werden seit Jahrtausenden für Flechtarbeiten verwendet, da sie sehr biegsam sind. Aus ihnen lassen sich Körbe, Taschen und Schuhe, aber auch Fischreusen herstellen. Auch die bekannten Reetdächer werden oft aus Binsen hergestellt.

ANEMANTHELE LESSONIANA
syn. *Stipa arundinacea*
Fasanenschwanzgras
Höhe: 70–100 cm, **Breite:** 90 cm
Wuchs: dicht horstartig, Halme feintriebig, elegant übergeneigt.
Blatt: blaugrün, Herbstfärbung gelb, orange oder rot. Teilweise immergrün.
Blüte: lockere überhängende Rispen von August bis September.
Standort: sonnig bis schattig, bevorzugt kräftigen Boden. Nicht zuverlässig winterhart, Winterschutz empfehlenswert.
Verwendung: als Akzentpflanze in Beeten, Blickfang im Winter durch die lang anhaltende Herbstfärbung.
Empfehlenswerte Sorten: 'Autumn Tints' hat eine ausgeprägte rote Herbstfärbung. 'Golden Hue' bildet eine goldgelbe Herbstfärbung aus.

ARUNDO DONAX
Breitblättriges Pfahlrohr
Höhe: bis 400 cm, **Breite:** 150 cm
Wuchs: aufrecht, mit starken Halmen, erinnert von der Gestalt ein wenig an tropisches Schilfrohr.
Blatt: dunkelgrün, breit, bogig überhängend.
Blüte: helle Rispen, meist vom Laub verdeckt, von September bis Oktober, blüht aber in Mitteleuropa nur selten.
Standort: sonnig, geschützt, möglichst warm.
Verwendung: als Solitär, als Mauervorpflanzung, sehr wirkungsvoll auch am Teichrand. Benötigt viel Wasser und muss in Trockenzeiten reichlich gegossen werden. Regelmäßig düngen.
Empfehlenswerte Sorten: 'Versicolor' hat gelblichweiß gestreifte Blättern und ist frost-

Sonnige Standorte

Sonnige Standorte zeichnen sich dadurch aus, dass sie fast den ganzen Tag in der vollen Sonne liegen. Sie sind die Heimat vieler Prärie- und Steppengräser und anderer Arten, die in der Natur auf Freiflächen wachsen.

empfindlicher, daher ist diese Sorte besser für die Kübelkultur zu verwenden.

BOUTELOUA GRACILIS

Moskitogras

Höhe: 40 cm, **Breite:** 30 cm
Wuchs: locker horstbildend, zierlich, mit drahtigen Blütenhalmen.
Blatt: blaugrün, sehr schmal.
Blüte: schwarzbraune, dichte Ähren, die fast waagerecht von den Halmen abstehen, von Juli bis September.
Standort: sonnig, warm, bevorzugt lockere, durchlässige Böden, kommt auch mit wenig Nährstoffen zurecht.
Verwendung: im Steingarten, auf Trockenmauern, auch in Steppenbeeten; sehr schön zusammen mit Wildstauden. Am wirkungsvollsten an Plätzen, wo man es aus der Nähe betrachten kann.

CALAMAGROSTIS × ACUTIFLORA

Garten-Sandrohr, Reitgras

Höhe: 150 bis 180 cm, **Breite:** 50 cm
Wuchs: straff aufrecht, die Blütenhalme überragen das Laub um ein Vielfaches. Bildet schlanke Horste, keine Ausläufer treibend.
Blatt: mittelgrün, schmal; das neue Laub treibt sehr zeitig im Frühjahr aus. Frühzeitige Verfärbung der Blütenhalme in ein leuchtendes Strohgelb. Attraktiv bis in den tiefen Winter.
Blüte: leicht aufgefächerte Blütenrispen, von Juni bis August. Samenstände schmaler. Behält die Form bis in den Winter. Besonders im Spätherbst und im Winter attraktive strohgelbe Farbe.
Standort: sonnig, im Halbschatten wenig standfest. Toleriert trockenen bis mäßig feuchten Boden.
Verwendung: im Staudenbeet, in kleinen Gruppen, aber auch großflächig mit Präriestauden, wie in zahlreichen Pflanzungen von Wolfgang Oehme. Auch als Solitär einsetzbar.
Empfehlenswerte Sorten: 'Karl Foerster' ist die am häufigsten verwendete Sorte und sehr standfest und kräftig. 'Overdam' hat hellgelbe Blattränder, die sich im Laufe der Zeit in Weiß verfärben. Insgesamt wächst sie etwas zierlicher und schwächer. 'Waldenbuch' ist kompakter, etwas niedriger und hat besonders attraktive Blüten.

Calamagrostis × acutiflorus **'Karl Foerster'** (oben)
Das Garten-Sandrohrgras gehört zu den besten Auslesen Karl Foersters.

Arundo donax **'Versicolor'** (links)
Die gestreiftblättrige Form des Pfahlrohrs ist etwas frostempfindlicher als die Art.

Bouteloua gracilis (gegenüber)
Wie kleine Insekten tanzen die Blüten des Moskitograses über den Halmen.

CALAMAGROSTIS BRACHYTRICHA

syn. *Achnatherum brachytricha*

Diamant-Reitgras

Höhe: 120 cm, **Breite:** 80–100 cm

Wuchs: lockere, oft etwas ungleichmäßige Horste, das Laub entwickelt sich zeitig im Frühjahr. Blütenstände überragen die Blätter weit. Bildet keine Ausläufer, daher nicht invasiv.

Blatt: mittelgrün, schmal, im Austrieb bronzefarbig.

Blüte: fedrige überhängende Rispen, von Juli bis September. Sehr attraktiv und auffallend, in voller Blüte in Rosatönen changierend, danach gelb färbend. Behält die Farbe bis in den Winter.

Standort: sonnig bis lichtschattig, bevorzugt warme geschützte Standorte. Gedeiht auf allen nicht zu schweren Böden.

Verwendung: als Akzentpflanze, in kleinen Gruppen im Staudenbeet. Sehr hübsch im vorderen Bereich von Steppenbeeten.

CAREX BUCHANANII

Fuchsrote Segge

Höhe: 50 cm, **Breite:** 40 cm

Wuchs: steif aufrecht mit leicht überhängenden Spitzen.

Blatt: sehr schmal, fast fadenförmig. Schon im Austrieb rotbraun, wird die Färbung bis in den Winter beibehalten, wintergrün.

Blüte: Juni bis Juli.

Standort: sonnig; der Boden sollte durchlässig, aber nicht zu trocken sein.

Verwendung: als Akzentpflanze zwischen niedrigeren Bodendeckern. Durch die rotbraune Färbung wirkt das Gras oft „wie tot“. Nicht ganz einfach zu kombinieren.

Empfehlenswerte Sorten: *C. buchananii* f. *viridis* ‘Green Twist’ besitzt leuchtend hellgrünes Laub mit geringelten Spitzen.

CAREX COMANS

Neuseeland-Segge

Höhe: 40 cm, **Breite:** 60 cm

Wuchs: horstartig, breit ausladend. Die Spitzen liegen auf dem Boden auf.

Blatt: blassgrün, sehr schmal, an den Spitzen vergilbend.

Carex comans 'Bronze' (links)
Die dunkellaubige Form der Neuseeland-Segge hat ebenso feine Blätter wie die Art.

Calamagrostis brachytricha (gegenüber)
Das Diamant-Reitgras hat feine Rispen, in denen sich der morgendliche Tau fangen kann.

Blüte: braune Rispen, eher unauffällig, von April bis Mai.
Standort: sonnig, feuchten Boden bevorzugend. Kommt aber auch mit frischen Böden zurecht.
Verwendung: als Solitär- und Akzentpflanze im Vordergrund. Sehr schön in Ufernähe, wo sich die Laubschöpfe elegant über die Wasseroberfläche neigen können.
Empfehlenswerte Sorten: 'Bronze' oder 'Bronze Form' hat hellbraunes Laub. Die Pflanzen erwecken durch die Blattfarbe manchmal einen etwas verdorrten Eindruck.

CHRYSOPOGON GRYLLUS
Goldbart
Höhe: 180 cm, **Breite:** 80 cm
Wuchs: horstartig, eher flach. Die Blütenhalme stehen weit über dem Laub.
Blatt: schmal, graugrün.
Blüte: lockere Ähren, bogig überhängend; violett mit gelben Grannen, von Juli bis August. Sehr filigraner Gesamteindruck.
Standort: sonnig, bevorzugt eher trockene Böden und benötigt warme Sommer, um zu blühen. Ansonsten anspruchslos.
Verwendung: als Solitär und Akzentpflanze, in Steppen- und Kiesbeeten.

CORTADERIA SELLOANA
Pampasgras
Höhe: 250 cm, **Breite:** 200 cm
Wuchs: horstartig, mit steifen Blütenhalmen.
Blatt: schmal, dunkelgrün, bogig überhängend.
Blüte: auffallende weiße Rispen, die wie dicke Federbüsche wirken, von September bis Oktober.
Standort: sonnig und warm, benötigt frische

und nahrhafte, aber durchlässige Böden. In kalten Gegenden ist Winterschutz nötig.
Verwendung: als Solitär, im Hintergrund von gemischten Rabatten, auch in reinen Gräserbeeten mit anderen hohen Gräsern.
Empfehlenswerte Sorten: 'Sunningdale Silver' besitzt lockere silbrige Blütenrispen, insgesamt erscheint sie transparenter als die Art. Die klein bleibende Sorte 'Pumila' wird nur 1,20 m hoch und wächst kompakter. 'Variegata' hat grün-weiß gestreifte (panaschierte) Blätter.

FESTUCA AMETHYSTINA

Regenbogen-Schwingel
Höhe: 40–50 cm, **Breite:** 30 cm
Wuchs: horstartig, fast halbkugelig, mit drahtigen, leicht gebogenen Blütenhalmen.
Blatt: sehr schmal, blaugrün, im Herbst vielfarbig schillernd. Wintergrün.
Blüte: filigrane, überhängende Ähren, die sich über den Sommer bunt verfärben, Blütezeit von Juni bis Juli.
Standort: sonnig, benötigt durchlässige, eher trockene, auf keinen Fall nasse Böden.
Verwendung: in Kies- und Steppenbeeten, in kleinen Gruppen oder einzeln als Akzentpflanze.

FESTUCA CINEREA

syn. *Festuca glauca*
Blau-Schwingel
Höhe: 30 cm, **Breite:** 20 cm
Wuchs: halbkugelige, kompakte Horste.
Blatt: schmal, blaugrün, sehr fein.
Blüte: kleine Blütenrispen auf dünnen drahtigen Halmen über dem Laub, von Mai bis Juni.
Standort: sonnige warme Plätze, benötigt durchlässige, auf keinen Fall zu nährstoffreiche Böden.
Verwendung: in Steppenbeeten, im Steingarten, auf Mauerkronen. Auch als Trogbepflanzung wirkungsvoll. Generell sind Sorten mit blauen oder silbrigen Blättern nässeempfindlicher als Sorten mit grünen Halmen.
Empfehlenswerte Sorten: 'Azurit' fällt durch besonders blaues Laub auf. 'Harz' besitzt blaues Laub mit rötlichen Spitzen. 'Silbersee' wächst kompakter und schwächer, silberblaues Laub. Die horstförmig wachsende Sorte 'Blauglut' hat tiefblaue Halme, die stark bereift sind.

Cortaderia selloana 'Variegata'
(gegenüber oben)
Das gestreifte Laub dieser panaschierten Pampasgrassorte wirkt von Weitem fast weiß.

Cortaderia selloana 'Sunningdale Silver'
(gegenüber unten)
Die Blütenrispen dieser Sorte sind lockerer und erscheinen transparenter.

Festuca cinerea 'Golden Toupee'
(links oben)
Die Blattfarbe dieser Sorte des Blau-Schwingels ist eher grünlich.

Festuca cinerea 'Blauglut'
(links unten)
Die stacheligen Igelpolster des Blau-Schwingels sind ideal für trockene Beete und Pflanzungen.

FESTUCA GAUTIERI

syn. *Festuca scoparia*

Bärenfell-Schwingel

Höhe: 30 cm, **Breite:** 40 cm

Wuchs: polsterförmig bis flachkugelig, kompakt.

Blatt: frischgrün, sehr feinblättrig, wintergrün.

Blüte: gelbgrüne, sehr feine Rispen an dünnen drahtigen Halmen, von Juni bis Juli.

Standort: sonnig bis lichtschattig, benötigt durchlässige, nicht zu nahrhafte Böden. Im Winter vor starker Sonne schützen.

Verwendung: einzeln oder in kleinen Gruppen, im Heidebeet, in Steppenpflanzungen, auch als Trogbepflanzung wirkungsvoll.

Empfehlenswerte Sorten: 'Pit Carlit' wächst noch kompakter und hat etwas dunklere Blätter.

FESTUCA MAIREI

Atlas-Schwingel

Höhe: 80–100 cm, **Breite:** 80 cm

Wuchs: horstartig, sehr gleichmäßig, fast halb kugelig.

Blatt: hellgrün, schmal, elegant überhängend.

Blüte: zierliche Rispen auf dünnen drahtigen Halmen. Früh vergilbende Halme, Juni bis Juli.

Standort: sonnig, wächst auf allen nahrhaften, nicht zu feuchten Böden, gedeiht aber am besten auf durchlässigen Lehmböden.

Verwendung: in Staudenbeeten, einzeln oder in kleinen Gruppen. Guter Partner für Rosen.

Festuca gautieri (oben)
Der Bärenfell-Schwingel besitzt charakteristische, dichte grünen Polster..

Festuca mairei (unten)
Der Atlas-Schwingel ist ein idealer Rosenbegleiter.

HELICTOTRICHON SEMPERVIRENS

Blaustrahlhafer, Staudenhafer

Höhe: 120 cm, **Breite:** 60 cm
Wuchs: halbkugelige Horste bildend.
Blatt: schmal, blaugrün, steif. Wintergrün.
Blüte: gelbe, bogenförmig überhängende zierliche Rispen an steifen Halmen, Blütezeit von Juli bis August.
Standort: sonnig, benötigt warme Standplätze mit durchlässigem, nährstoffarmem Boden, auf nassen Böden kurzlebig.
Verwendung: einzeln oder in kleinen Gruppen, in Steppenbeeten, auf Trockenmauern.
Empfehlenswerte Sorten: 'Saphirsprudel' ist eine besonders robuste Auslese.

IMPERATA CYLINDRICA 'RUBRA'

Japanisches Blutgras

Höhe: 40 cm, **Breite:** 30 cm
Wuchs: straff aufrecht, dichte Horste bildend.
Blatt: frischgrün, schon im Sommer in ein leuchtendes Rot umfärbend.
Blüte: in Mitteleuropa entwickelt sich keine Blüte.
Standort: sonnig, benötigt frische, nährstoffreiche Böden, aber einen warmen Standplatz. Winterschutz ist sinnvoll.
Verwendung: in Staudenrabatten, einzeln oder in kleinen Gruppen. Auffallende Akzentpflanze, auch am sonnigen Gehölzrand.

Imperata cylindrica 'Rubra' (unten)
Nur wenige Gräser besitzen eine derart intensive Blattfarbe wie das Japanische Blutgras.

Helictotrichon sempervirens (oben)
Der Blaustrahlhafer ist ideal für trockene Standorte im Garten.

JUNCUS EFFUSUS

Flatter-Binse

Höhe: 50 cm, **Breite:** 80 cm

Wuchs: horstartig, straff aufrecht, sich durch Ausläufer ausbreitend. Wintergrün.

Blatt: schmal, mit rundem Querschnitt, hellgrün.

Blüte: kleine braune Ähren, seitlich aus den Halmen wachsend, von Juni bis August.

Standort: sonnig, feucht bis nass, kann auch teilweise im Wasser stehen.

Verwendung: einzeln oder in Gruppen, am Teichrand, kann wuchern.

Empfehlenswerte Sorten: 'Spiralis' ist eine kuriose Sorte mit korkenzieherartig gedrehten Halmen und lockerem Wuchs.

LEYMUS ARENARIUS

Blau-Strandhafer

Höhe: 100 cm, **Breite:** 80–100 cm

Wuchs: kräftige Horste, durch Ausläufer schnell große Bestände bildend.

Blatt: riemenförmig, blaugrün, rollen sich bei starker Trockenheit zusammen.

Blüte: schlanke Ähren, die an Weizen erinnern, von Juli bis August.

Standort: heimisches Gras der Dünen. Dort trägt es durch seine kriechenden Wurzeln wesentlich zur Küstenbefestigung bei. Benötigt sonnige Standorte mit magerem Boden.

Verwendung: nur in größeren Gärten zu bändigen. Für sonnige und warme Standorte, idealerweise auf sandigem Boden. Kübelkultur. In Kombination mit anderen Küstenpflanzen wie Ölweide *(Elaeagnus),* Kartoffel-Rose *(Rosa rugosa)* oder auch mit Stranddistel *(Eryngium maritimum).*

MELICA ALTISSIMA

Riesen-Perlgras

Höhe: 100 cm, **Breite:** 60 cm

Wuchs: lockere Horste.

Blatt: schmal, mattgrün, bogig überhängend.

Blüte: lockere Ähren auf übergeneigten Halmen. Samen schwarz, von Mai bis Juni.

Standort: sonnig bis halbschattig, gedeiht auf jedem nicht zu feuchten Boden.

Verwendung: Beete, Rabatten, als Akzentpflanze einzeln oder in kleinen Gruppen.

Leymus arenarius (links)
Der Blau-Strandhafer eignet sich auch für die Kübelkultur und hat stah blaue Halme.

Juncus effusus 'Spiralis' (gegenüber)
Die Korkenzieher-Binse ist eine Sorte der Flatter-Binse.

Empfehlenswerte Sorten: 'Atropurpurea' besitzt purpurfarbene Blütenähren.

MELICIA CILIATA

Wimpern-Perlgras

Höhe: 60 cm, **Breite:** 40 cm

Wuchs: lockere, übergeneigte Horste.

Blatt: schmal, graugrün, steif aufrecht.

Blüte: dichte walzenförmige Ähren an drahtigen Halmen, von Mai bis Juni. Nach der Blüte hell-gelb verfärbend, lange haftend und dekorativ.

Standort: sonnig, warm und geschützt. Bevorzugt eher trockenen, kalkhaltigen Boden. Auf schweren Böden standschwach und kurzlebig.

Verwendung: in Steppenbeeten und größeren Steingärten, auch zwischen Heidekraut.

MISCANTHUS SINENSIS

Chinaschilf

Höhe: je nach Sorte 150–300 cm

Breite: 150–200 cm

Wuchs: bildet kräftige Horste aus, durch kurze Ausläufer breitwachsend.

Blatt: riemenförmig, frischgrün, elegant übergeneigt. Im Herbst gelb verfärbend, bei einigen Sorten auch rote Herbstfärbung.

Blüte: fedrige Rispen, zunächst aufrecht gefächert, dann bogig überhängend, von August bis Oktober. Silberweiß, oft auch rötlich. Sehr zierend und lange haftend.

Standort: sonnig, bevorzugt kräftige frische, nährstoffreiche Böden.

Verwendung: als Solitär oder in Gruppen, als Rabattenhintergrund, vor Gehölzen, auch am Teichrand. Spektakuläres Riesengras, das auch im Winter ein wichtiger Strukturbildner ist.

Empfehlenswerte Sorten: aus der Palette der guten Sorten sind die folgenden besonders empfehlenswert: 'China' von Ernst Pagels, die 180 cm hoch wird und große Blütenstände besitzt. Die olivgrünen schmalen Blätter färben sich im Herbst rot. 'Gnom', eine neue Sorte, bleibt mit 120 cm recht niedrig. 'Graziella' bleibt mit 150 cm ebenfalls niedriger und blüht besonders früh. 'Flamingo' gehört zu den besten Sorten von Ernst Pagels. Sie blüht hellrosa und besitzt eine rosarote Herbstfärbung. 'Giraffe' erreicht eine Höhe von 250 cm, das Laub ist gelb-grün quergestreift. 'Kaskade' fällt durch eine übergeneigte Wuchsform auf und besitzt große Blütenrispen. 'Malepartus' ist eine alte, aber hervorragende Sorte mit prächtiger Herbstfärbung. 'Nishidake' wird 250 cm hoch, wirkt aber insgesamt transparent. Sehr standfest!

Miscanthus sinensis 'Nippon' (oben)
Die Blütenrispen von 'Nippon' sind aufrechter als die vieler anderer Sorten des Chinaschilfs.

Miscanthus sinensis 'Kleine Silberspinne' (unten)
Diese Sorte ist eines der Vermächtnisse des Staudenzüchters Ernst Pagel.

Miscanthus sinensis 'Roter Pfeil' (oben links)
Typisch für diese Sorte sind die rötlich überhauchten Blätter und Halme.

Miscanthus sinensis 'Variegatus' (oben rechts)
Im Gegensatz zu 'Strictus' (siehe S. 107) sind die Blätter bei 'Variegatus' längsgestreift.

Miscanthus sinensis 'Silberfeder'(links)
Elegante Blütenrispen sind charakteristisch für 'Silberfeder'.

Pennisetum alopecuroides 'Weserbergland' (oben)
Diese Sorte ist eine der niedrigsten unter den Lampenputzergräsern.

Panicum virgatum 'Hänse Herms' (rechts oben)
Die Rutenhirse gehört zu den schönsten Spätsommerfärbern unter den Gräsern.

Panicum virgatum 'Cloud Nine' (rechts unten)
Die Blattfärbung dieser Sorte wirkt im Herbst eher längsgestreift.

NASELLA TENUISSIMA

syn. *Stipa tenuissima*

Flaumhaar-Federgras, Frauenhaargras

Höhe: 60 cm, **Breite:** 60 cm

Wuchs: dichte, aufrechte Horste.

Blatt: aufrecht stehend, sehr schmal, im Spätsommer zu einem hellen, fast weißgelben Strohgelb vergilbend.

Blüte: bogenförmige seidige Blütenstände, in ihrer Struktur fast wie Haare, von Mai bis Juni.

Standort: sonnig, bevorzugt warme Plätze mit durchlässigem Boden. Benötigt in kalten Gegenden Winterschutz.

Verwendung: in sonnigen Rabatten, Kiesbeeten und Steppenpflanzungen. Auch in großen Gruppen attraktiv. Für die Kübelpflanzung geeignet. Die filigranen, fedrigen Blütenstände sind im Beet ein absoluter Blickfang. Da der Ausbreitungsdrang gering ist, eignet sich das Flaumhaar-Federgras sehr gut für dichte Staudenbeete oder als Pflanzpartner für Rosen.

PANICUM VIRGATUM

Rutenhirse

Höhe: 100 cm, **Breite:** 50 cm

Wuchs: aufrechte dichte Horste, fächerförmig.

Blatt: schmal, spitz zulaufend, Spitzen leicht überhängend. Rote Färbung ab Spätsommer. Spät austreibend.

Blüte: filigrane Ähren, über dem Laub schwebend, von August bis September.

Standort: sonnig, bevorzugt durchlässigen, mäßig nährstoffreichen Boden, sonst standschwach.

Verwendung: in Beeten und Rabatten, zwischen herbstblühenden Stauden, wirkt einzeln oder in kleinen Gruppen.

Empfehlenswerte Sorten: 'Hänse Herms' mit leuchtend braunroter Herbstfärbung. 'Heavy Metal' wird mit 150 cm deutlich höher, Laub blaugrün, kaum Herbstfärbung. 'Shenendoa' besitzt die ausgeprägteste Herbstfärbung und hat schon im Austrieb rote Blattspitzen. 'Strictum' wächst streng aufrecht und färbt sich im Herbst leuchtend gelb.

PENNISETUM ALOPECUROIDES

Lampenputzergras

Höhe: 80 cm, **Breite:** 70 cm

Wuchs: dichte Horste, kuppelförmig überhängend, sehr gleichmäßig.

Blatt: dunkelgrün, schmal, bogig übergeneigt. Spät austreibend, gelbe Herbstfärbung.

Blüte: die walzenförmige Ähren an den Halmenden erinnern an kleine Flaschenbürstchen, von September bis Oktober.

Standort: sonnig, bevorzugt durchlässige, aber nahrhafte Böden, die nicht zu trocken sein sollten.

Verwendung: in Beeten und Rabatten, einzeln oder in kleinen Gruppen, auch schön am sonnigen Gehölzrand.

Empfehlenswerte Sorten: 'Hameln' unterscheidet sich von der Art durch den kompakteren Wuchs, blüht etwas früher. *Pennisetum alopecuroides* var. *viridescens* besitzt dunkleres Laub und besonders auffallende, dunkle und dichte Ähren. Diese Sorte lässt sich echt aus Samen vermehren.

PHALARIS ARUNDINACEA

Rohr-Glanzgras

Höhe: 120 cm, **Breite:** 80 cm

Wuchs: steif aufrecht, durch Rhizome Ausläufer treibend.

Blatt: schmal, steif, oberes Drittel teilweise abgeknickt.

Blüte: schmale Rispen, unauffällig, von Juni bis Juli.

Standort: sonnig bis halbschattig, bevorzugt lehmigen, frischen bis feuchten Boden. Bei Trockenheit treten schnell Schäden an den Blättern auf.

Verwendung: in naturnahen Pflanzungen in Kombination mit konkurrenzstarken Stauden, am Ufer größerer Teiche.

Empfehlenswerte Sorten: 'Picta' ist eine weiß panaschierte, häufig gepflanzte Form, die allerdings genauso wuchert wie die Art. 'Freesy's Form' ist noch lebhafter gezeichnet und wuchert nicht ganz so stark.

Pennisetum alopecuroides var. *viridescens* (oben inks)
Die Blütenrispen dieser Varietät des Lampenputzergrases sind besonders lang und intensiv gefärbt.

Nasella tenuissima (oben rechts)
Das Frauenhaargras ist für trockene Standorte unverzichtbar.

Phalaris arundinacea 'Picta' (rechts unten)
Die weiß-panaschierte Form des Rohr-Glanzgrases hat längsgestreiftes, an Bambus erinnerndes Laub.

Schoenoplectus lacustris 'Albescens' (oben)
Die Teichsimse gehört zu den Standardgräsern für die Bepflanzung der Teichrand- und Sumpfzone.

Sesleria nitida (unten)
Das Nest-Kopfgras eignet sich für Moorbeete und als Einfassung.

SCHIZACHYRIUM SCOPARIUM

Kleines Präriegras

Höhe: 120 cm, **Breite:** 50 cm
Wuchs: straff aufrechte, dichte Horste. Der deutsche Name täuscht, das Gras ist nicht klein, sondern recht hochwüchsig.
Blatt: schmal, blaugrün, mit auffallende rotbrauner Herbstfärbung.
Blüte: schmale Rispen, die sich von Rotbraun nach Silber verfärben, von August bis Oktober.
Standort: sonnig, bevorzugt mäßig trockene bis frische Böden mit hohem Nährstoffgehalt.
Verwendung: als Leitstaude und Gerüstbildner im Beet, in Kombination mit herbstblühenden Stauden.

SCHOENOPLECTUS LACUSTRIS

Teichsimse

Höhe: 100 cm, **Breite:** 70 cm
Wuchs: horstartig, breitet sich durch Ausläufer rasch aus.
Blatt: blattlos, mit runden, nach oben schmaler werdenden Halmen.
Blüte: Büschel mit braunen Ähren, direkt aus den Halmen wachsend, von Juni bis September.
Standort: sonnig, feuchte bis nasse Böden, kann auch im Wasser stehen.
Verwendung: ohne Wurzelsperre nur an großen naturnahen Gewässern, ansonsten im Kübel, der auch im Teich versenkt werden kann.
Empfehlenswerte Sorten: 'Albescens' hat quergestreifte, weiß-grüne Halmen, wuchert aber leider genauso stark wie die Art. Ganz ähnlich ist auch *Scirpus tabernaemontani* 'Zebrinus' mit grünweiß quergestreiften Halmen, die etwas weniger wuchert, aber dennoch nur für größere Gewässer oder Gartenteiche geeignet ist.

SESLERIA NITIDA

Nest-Kopfgras

Höhe: 40–80 cm, **Breite:** 50 cm
Wuchs: horstartig, halbrund, sehr gleichmäßig.
Blatt: schmal, silbergrau, etwas steif wirkend.
Blüte: weißgraue dichte Ähren auf teilweise belaubten Halmen, von April bis Mai.
Standort: sonnig, bevorzugt mineralische, frische bis feuchte Böden.
Verwendung: am Rand von Moorbeeten, als Einfassung.

SORGHASTRUM NUTANS

Goldbartgras

Höhe: 120–150 cm, **Breite:** 50 cm
Wuchs: straff aufrechte schmale Horste.
Blatt: schmal, graugrün, straff aufrecht wachsend. Spät austreibend.
Blüte: fedrige rotbraune, üppige Rispen mit goldenen Staubgefäßen, Blütezeit von August bis Oktober.
Standort: sonnig, gedeiht auf jedem nicht zu trockenen Boden. Insgesamt anspruchslos.
Verwendung: als Akzentpflanze in Beeten und Rabatten, in Kombination mit herbstblühenden Stauden, schön in Steppenpflanzungen.

Schoenoplectus tabernaemontani 'Zebrinus'
Die Zebra-Teichsimse hat grün-weiß quergestreifte Halme.

SPARTINA PECTINATA 'AUREOMARGINATA'
Goldleistengras
Höhe: 150 cm, **Breite:** 100 cm
Wuchs: aufrecht mit überhängendem Laub. Breitet sich durch kurze Ausläufer allmählich aus.
Blatt: schmal, hellgrün mit gelben Streifen, elegant gebogen. Leuchtend gelbe Herbstfärbung.
Blüte: August bis September. Dichte Ähren, unauffällig.
Standort: sonnig bis halbschattig, gedeiht auf allen nicht zu trockenen Böden.
Verwendung: am Teichrand, auch in Beeten mit feuchtem Boden, am sonnigen Gehölzrand.

STIPA CALAMAGROSTIS
Silberährengras, Ränkgras
Höhe: 70–90 cm, **Breite:** 80 cm
Wuchs: dichtbuschige Horste mit übergeneigten Halmen.
Blatt: schmal, graugrün, bogig überhängend.
Blüte: silbrige fedrige Rispen, elegant überhängend, von Juni bis September.
Standort: sonnig, bevorzugt mäßig trockene bis frische Böden. Kalkliebend, auf schweren Böden standschwach.
Verwendung: einzeln oder in Gruppen in sonnigen Rabatten, Steppenbeeten. Gut geeignet für naturnahe Pflanzungen.
Empfehlenswerte Sorten: 'Algäu' hat einen straff aufrechten Wuchs und sehr schöne Blütenrispen. 'Lemperg' wächst kompakter und ist sehr reichblühend, mit roter Herbstfärbung.

STIPA CAPILLATA
Haar-Federgras, Büschel-Haargras
Höhe: 60–80 cm, **Breite:** 50 cm
Wuchs: straff aufrecht, im oberen Bereich fächerartig.
Blatt: sehr schmal, haarfein, dunkelgrün.
Blüte: steif aufrechte Blütenrispen mit fadenartigen Grannen, von Juli bis September.
Standort: sonnig, benötigt einen durchlässigen, eher trockenen Boden, kalkliebend.
Verwendung: in Steppenpflanzungen, Kiesbeeten, auch für die Trogpflanzung geeignet. Sät sich an zusagender Stelle aus und bildet größere Bestände, ohne jedoch lästig zu werden.

STIPA GIGANTEA

Riesen-Federgras

Höhe: 200 cm, **Breite:** 50 cm

Wuchs: lockere Horste mit straff aufrechten, hohen Blütenhalmen.

Blatt: blaugrün, schmal, bogig überhängend, wintergrün.

Blüte: lockere Rispen, die stark an Hafer erinnern, von Juni bis August. Auf starken Halmen hoch über dem Laub.

Standort: sonnig und warm, bevorzugt durchlässige, nicht zu nährstoffreiche Böden.

Verwendung: in Steppenbeeten, sonnigen Rabatten, Kiesbeeten. Schön mit silberlaubigen Stauden zu kombinieren. Benötigt etwas Winterschutz, besonders vor winterlicher Nässe.

STIPA PULCHERRIMA SSP. NUDICOSTA

Reiher-Federgras

Höhe: 80–100 cm, **Breite:** 50 cm

Wuchs: aufrecht mit elegant übergeneigten Halmenden.

Blatt: sehr schmal, haarfein, graugrün.

Blüte: feine Rispen mit sehr langen Grannen, die auch an den Samenständen haften bleiben, von Juli bis September.

Standort: sonnig, benötigt durchlässigen, nährstoffarmen Boden, ansonsten kurzlebig. Sät sich häufig selbst aus.

Verwendung: in Steppenbeeten, Kiesbeeten, einzeln oder in Gruppen.

Stipa calamagrostis (rechts oben)
Das Silberährengras gedeiht auf kalkhaltigen Böden und hat elegant überhängende Rispen.

Stipa gigantea (rechts unten)
Mit einer Höhe von bis zu 2 m macht das Riesen-Federgras seinem Namen alle Ehre.

Spartina pectinata 'Aureomarginata' (gegenüber)
Das Goldleistengras ist ein interessanter Schilfersatz für nicht zu trockene Böden.

Halbschattige Standorte

Halbschattige Standorte im Garten sind den größten Teil des Tages beschattet oder liegen im lichten Schatten von Bäumen. Sie sollten aber ungefähr vier bis fünf Stunden Sonne am Tag erhalten.

CAREX CARYOPHYLLACEA 'THE BEATLES'
syn. *Carex-digitata*-Hybride 'The Beatles'
Segge **'The Beatles'**
Höhe: 25 cm, **Breite:** 30 cm
Wuchs: lockere breite Horste mit überhängenden Halmen.
Blatt: hellgrün, schmal, in sich gedreht. Überwiegend immergrün.
Blüte: kleine braune Rispen, unauffällig, von April bis Mai.
Standort: halbschattig, unter Gehölzen; hält dem Wurzeldruck eingewurzelter Bäume gut stand.
Verwendung: unter Gehölzen an nicht zu dunklen Plätzen, in großen Gruppen als Bodendecker.

CAREX ELATA 'AUREA' ('BOWLES GOLDEN')
Steife Segge
Höhe: 50–60 cm, **Breite:** 60 cm
Wuchs: horstartig, dicht, fast halbkugelig.
Blatt: schmal, locker überhängend. Früh austreibend, leuchtend gelbgrün mit gelbem Rand, danach etwas vergrünend; wintergrün.
Blüte: braune, dichte Ähren, von Mai bis Juni.
Standort: halbschattig bis lichtschattig, benötigt humosen, am besten feuchten Boden. Bei guter Bodenfeuchte auch sonniger Standort möglich.
Verwendung: wirkungsvolles Gras in Kombination mit Waldrandstauden. Schön vor dunklem Hintergrund. Auch als Uferpflanze an Gewässern zu verwenden.
Empfehlenswerte Sorte: 'Knightshayes' hat vollständig gelb gefärbtes Laub.

CAREX GRAYII
Morgenstern-Segge
Höhe: 60 cm, **Breite:** 40–50 cm
Wuchs: steif aufrecht mit gebogenen Spitzen, schmale Horste bildend.

Blatt: mittelgrün, früh austreibend, behält die Farbe bis in den Herbst.
Blüte: unauffällige Rispen, von Juni bis August, danach dekorative, lang haftende Früchte, die in ihrer Form an Morgensterne erinnern.
Standort: halbschattig, alle frischen bis feuchten Böden. Auf feuchten Böden auch sonnig.
Verwendung: einzeln oder in Gruppen am Wasserrand, in naturnahen Pflanzungen. Die Fruchtstände sind ein schöner Schmuck für die Vase.

CAREX MORROWII

Japan-Segge
Höhe: 40–50 cm, **Breite:** 30 cm
Wuchs: dichte halbrunde Horste, im Laufe der Jahre sehr breit wachsend.
Blatt: dunkelgrün, steif mit bogig überhängenden Enden.
Blüte: gelbe Ähren in den Blattschöpfen, unauffällig, von April bis Mai.
Standort: halbschattig bis schattig, auf humosem, idealerweise frischem Boden. Versagt an trockenen Standorten, empfindlich gegen Wintersonne.
Verwendung: in kleinen Gruppen als Unterpflanzung von Gehölzen, zwischen Blattschmuckstauden im Schatten, eingnet sich gut für die Kombination mit Rhododendren.
Empfehlenswerte Sorten: 'Variegata' besitzt schmale weiße Randstreifen. 'Gilt' fällt durch eine intensivere Panaschierung auf, wächst aber schwächer. *Carex morrowii* ssp. *foliosissima* 'Ice Dance' hat cremeweiße, auffällige Streifen und breitet sich langsam durch Ausläufer aus. Guter Bodendecker.

CAREX MUSKINGUMENSIS

Palmwedel-Segge
Höhe: 70 cm, **Breite:** 50 cm
Wuchs: aufrecht, dichte, starre Horste bildend.
Blatt: hellgrün, schmal, das Laub entspringt in Quirlen den Stängeln.
Blüte: braun-gelbe, dichte Rispen an den oberen Stängelenden, von Juli bis August.
Standort: sonnig bis halbschattig, bevorzugt frischen bis feuchten, humosen Boden. Ältere Horste im Frühjahr zurückschneiden, damit sie nicht auseinanderfallen.
Verwendung: ideales Gras für die Uferbepflanzung.
Empfehlenswerte Sorten: 'Silberstreif' hat einen schmalen, weißen Mittelstreifen auf dem Blatt und ist eher schwachwüchsig. Die Sorte 'Wachtposten' ist eine besonders standfeste Auslese mit noch besserer Winterhärte.

CAREX PENDULA

Hänge-Segge, Riesen-Segge
Höhe: 120 cm, **Breite:** 80 cm
Wuchs: horstartig, Blütenhalme überhängend.
Blatt: dunkelgrün, steif aufrecht, im oberen Drittel überhängend; wintergrün.
Blüte: hängende walzenförmige „Kätzchen", gelb bis braun, an kräftigen Stängeln hoch über dem Laub, von April bis Juni.
Standort: halbschattig bis schattig, bevorzugt kühle Standplätze mit humosem frischem Boden. Vor Wintersonne schützen, da sonst das Laub leidet.
Verwendung: als Begleitpflanze für Waldrandstauden, unter Gehölzen. Sehr schön auch mit Taglilien in großen Gruppen. An zusagenden Stellen kann es zu Selbstaussaat kommen.

Carex muskingumensis 'Oehme' (oben links)
Diese Auslese der Palmwedel-Segge ist besonders standfest.

Carex elata 'Aurea' (oben rechts)
Die Steife Segge wächst breit und flach horstförmig; sie hat frischgelbe, übergeneigete Blätter.

Carex grayii (gegenüber)
Gut erkennbar sind die namensgebenden Samenstände der Morgenstern-Segge.

CHASMANTHIUM LATIFOLIUM

Plattährengras

Höhe: 100 cm, **Breite:** 50 cm

Wuchs: locker horstartig, mit aufrechten Blütenhalmen.

Blatt: hellgrün, breit, ab Spätsommer goldene bis rotbraune Färbung.

Blüte: tropfenartig an den Stängeln angeordnete plattgedrückte Ähren, von August bis Oktober. Zunächst grün, später rotgolden.

Standort: sonnig bis halbschattig, wärmeliebend, bevorzugt frischen nährstoffreichen Boden.

Verwendung: im Beet zwischen herbstblühenden Stauden, Pflanzungen am sonnigen oder lichtschattigen Gehölzrand. Harmoniert gut mit Herbst-Astern und Herbst-Anemonen.

DESCHAMPSIA CAESPITOSA

Rasenschmiele

Höhe: 100 cm, **Breite:** 80 cm

Wuchs: horstartig, dicht mit kompakten Blattschöpfen. Hohe gerade Halme.

Blatt: dunkelgrün, schmal, bogig überhängend. Früher Austrieb.

Blüte: zierliche, sehr lange Rispen, fedrig von den Halmen abstehend, von Juni bis August. Transparente Wirkung.

Standort: lichtschattig bis halbschattig, bevorzugt humosen, frischen bis feuchten Boden.

Verwendung: Einzelstellung oder in Gruppen, als Partner typischer Waldrandstauden wie Glockenblumen, aber auch mit Farnen. Dekorativ vor dunklem Hintergrund.

Empfehlenswerte Sorten: 'Bronzeschleier' hat goldbraune Blütenrispen und blüht früher, schon ab Mai. 'Goldgehänge' hat leicht überhängende Stängel und goldgelbe Ähren. Die Sorte 'Tauträger' überzeugt durch eine lange Blütezeit, die bis in den Herbst hinein reicht.

HAKONECHLOA MACRA

Japan-Waldgras

Höhe: 30 cm, **Breite:** 30–50 cm

Wuchs: breit überhängend, Matten bildend durch kurze Ausläufer.

Blatt: frischgrün, elegant überhängend, Herbstfärbung rötlich.

Blüte: zierliche Blütenrispen zwischen dem Laub, relativ unauffällig, von August bis Oktober.

Standort: halbschattig bis schattig, bevorzugt kühle Standorte mit humosen frischen Böden.

Verwendung: zur Unterpflanzung von Gehölzen, auch in Kombination mit Farnen und Funkien *(Hosta)*. Einzeln, in Gruppen oder auch als flächig gepflanzter Bodendecker.

Empfehlenswerte Sorten: 'Aureola' besitzt gelbgrün gestreiftes Laub. 'Albostriata' wächst kräftiger und hat grünes Laub mit schmalen weißen Streifen.

Chasmanthium latifolium (gegenüber)
Die Samenstände des Plattährengrases färben sich im Herbst wunderbar rot.

Hakonechloa macra 'Aureola' (Mitte)
Wie ein goldgelber Wasserfall ergießen sich die Blätter des Gestreiften Japan-Waldgrases aus dem Schattenbeet.

Deschampsia caespitosa (unten)
Die Rasenschmiele bildet lockerduftige Horste aus.

Molinia caerulea 'Variegata'
Das weiß gestreifte Laub dieser niedrigen Sorte des Riesen-Pfeifengrases färbt sich im Herbst gelbbraun.

MILIUM EFFESUM 'AUREUM'
Gold-Flattergras
Höhe: 30–40 cm, **Breite:** 40 cm
Wuchs: aufrecht mit zierlich überhängenden Blattenden.
Blatt: gelbgrün, im Austrieb leuchtend gelb. Sämlinge fallen echt aus, vergrünen aber im Laufe des Sommers ein wenig.
Blüte: feine transparente Rispen, von Juni bis Juli.
Standort: halbschattig, bevorzugt humosen, aber nicht zu feuchten Boden.
Verwendung: als Akzentpflanze unter Gehölzen. Sehr schön mit Frühlingsblühern, besonders Zwiebelblumen, zu kombinieren. Setzt leuchtende Akzente im Unterholz.

MOLINIA CAERULEA
Riesen-Pfeifengras, Blaues Pfeifengras
Höhe: 180–220 cm, **Breite:** 70 cm
Wuchs: horstartig, mit fächerförmig angeordneten, hohen Blütenhalmen hoch über den Blattschöpfen.
Blatt: schmal, blaugrün, mit gelber Herbstfärbung. Zieht im Winter vollständig ein und treibt spät im Frühling aus.
Blüte: bräunliche Ähren auf kräftigen Halmen, von August bis Oktober, die den Winter über halten.
Standort: halbschattig bis lichtschattig, benötigt kalkfreien Boden, mäßig frisch bis feucht.
Verwendung: Moorbeete, am Wasserrand, unter lichten Gehölzen wie Birken, in Heidegärten.
Empfehlenswerte Sorten: 'Edith Dudzus' hat sehr standfeste Blütenhalme und behält ihre schöne kupferbraune Färbung bis in den Winter hinein. 'Heidebraut' besitzt dekorative hellgelbe Blütenähren und ist sehr standfest. 'Strahlenquelle' hat breiter aufgefächerte Blütenhalme, die leicht überhängen. 'Moorhexe' wird bis 60 cm hoch und hat dunkle Blütenhalme, schöne gelbbraune Herbstfärbung. 'Variegata' wird nur 50 cm hoch, besitzt weiß-gelb panaschiertes Laub und ist besonders für Einfassungen geeignet.

SESLERIA HEUFFLERIANA
Blaugrünes Kopfgras
Höhe: 40–60 cm, **Breite:** 50 cm
Wuchs: horstartig bis polsterförmig.
Blatt: schmal, blaugrün, wintergrün und sehr früh austreibend.
Blüte: schwarzbraune, dichte Ähren auf steifen Halmen über dem Laub stehend, von März bis April.
Standort: halbschattig bis lichtschattig, bevorzugt frischen bis feuchten, humosen Boden.
Verwendung: im Steingarten an der sonnenabgewandten Seite, im lichten Gehölzschatten, einzeln oder in kleinen Gruppen.

SPODIOPOGON SIBIRICUS
Zottenraugras
Höhe: 150 cm, **Breite:** 40 cm
Wuchs: straff aufrechte Horste.
Blatt: breit, etagenweise waagerecht von den Halmen abstehend. Rotbraune Herbstfärbung, am besten nach warmen Sommern.
Blüte: fedrige, senkrechte Ähren, von August bis Oktober.
Standort: halbschattig, auch sonnig, bevorzugt frischen, humosen Boden.
Verwendung: in gemischten Pflanzungen am Gehölzrand, am Wasserrand in der trockeneren Zone, auch als Solitär.
Empfehlenswerte Sorten: 'West Lake' zeichnet sich durch einen rötlichen Austrieb aus und hat sehr standfeste Halme.

Molinia caerulea 'Moorhexe'
Die Blütenhalme des Riesen-Pfeifengrases 'Moorhexe' sind dunkler als die Blätter. Die Herbstfärbung ist gelbbraun.

Schattige Standorte

Standorte im Schatten erhalten nur wenig Sonne. Oftmals liegen sie dauerhaft beschattet oder im lichten Schatten angrenzender Bäume und Gebäude.

CAREX OSHIMENSIS 'EVERGOLD'
Gelbbunte Segge
Höhe: 25 cm, **Breite:** 30–40 cm
Wuchs: locker horstartig, breiter als hoch.
Blatt: schmal, dunkelgrün mit ausgeprägtem gelbem Mittelstreifen; immergrün.
Blüte: kleine unauffällige Ähren, von April bis Mai.
Standort: schattig, auch halbschattig, mit frischem humosem Boden. Benötigt einen geschützten Platz, um das attraktive Laub bis in den Winter hinein zu erhalten. Empfindlich gegen Wintersonne.
Verwendung: in kleinen Gruppen unter Gehölzen, zur Aufhellung schattiger Gartenpartien.
Weitere empfehlenswerte Sorten: 'Variegata' besitzt weiß gestreiftes Laub, ansonsten hat sie dieselben Eigenschaften wie die Art. Ähnlich ist *Carex comans* 'Snowline', die nur 15–20 cm hoch wird und wie *C. oshimensis* verwendet wird.

Luzula nivea
Die Blütenstände der Schnee-Marbel erinnern an frisch gefallene Schneeflocken.

CAREX PLANTAGINEA

Breitblatt-Segge

Höhe: 20–30 cm, **Breite:** 30 cm

Wuchs: flache Horste, durch kurze Ausläufer langsam ausbreitend.

Blatt: frischgrün, breit, mit deutlichen Längsrippen. Die Oberfläche ist leicht gewellt. Wintergrün.

Blüte: kleine gelbe Ähren, recht unauffällig, von Mai bis Juni.

Standort: schattig, mit frischem humosem Boden. Bevorzugt kühle, nicht zu nasse Standorte, verträgt keine stauende Nässe.

Verwendung: in kleinen Gruppen unter Bäumen, attraktiv im Winter. Zwischen Bodendeckern wie Lungenkraut und Elfenblumen.

CAREX SIDEROSTICHA 'VARIEGATA'

Sommergrüne Breitblatt-Segge

Höhe: 30 cm, **Breite:** 30 cm

Wuchs: horstig bis ausgebreitet, durch Ausläufer langsam Matten bildend. Zieht im Winter vollständig ein.

Blatt: breit, dunkelgrün mit weißen Rändern. Dekorativer gesprenkelter Austrieb.

Blüte: rötliche Ähren, unauffällig, von Juni bis Juli.

Standort: schattig, bevorzugt kühle Standplätze mit humosem Boden.

Verwendung: als Bodendecker unter Gehölzen, verträgt auch Falllaub. Zwischen anderen Bodendeckern und niedrigen Waldstauden.

Weitere empfehlenswerte Sorten: 'Island Brocade' besitzt gelbe Blattränder. 'Kisukaido' wächst flacher und breitet sich nicht so stark aus.

LUZULA NIVEA

Schnee-Marbel

Höhe: 40 cm, **Breite:** 20 cm

Wuchs: lockere, niedrige Horste.

Blatt: dunkelgrün, riemenförmig, mit überhängenden Spitzen.

Blüte: weiße, knäuelartige Rispen, von Mai bis Juni.

Standort: schattig oder halbschattig, bevorzugt humosen, frischen Boden, kommt aber auch mit mäßig trockenen Plätzen zurecht.

Verwendung: unter Gehölzen, an schattigen Stellen im Steingarten.

LUZULA SYLVATICA

Wald-Marbel

Höhe: 40–80 cm, **Breite:** 30 cm

Wuchs: locker horstartig, durch kurze Ausläufer langsam ausbreitend.

Blatt: frischgrün, weich behaart, wintergrün.

Blüte: braune knäuelartige Rispen, von Mai bis Juni.

Standort: schattig, mäßig trockene bis frische Böden, Wurzeldruck vertragend.

Verwendung: zur Unterpflanzung von Gehölzen, auch an dunklen Plätzen, als verträglicher Bodendecker.

Empfehlenswerte Sorten: 'Aurea' hat gelb gerandetes Laub. 'Tauernpass' wächst kissenförmig und breitet sich stärker durch Ausläufer aus.

Carex oshimensis 'Evergold'
Die Gelbbunte Segge ist eines der besten Gräser für die Unterpflanzung von Gehölzen.

Einjährige Gräser

Im Gegensatz zu den auf den vorigen Seiten beschriebenen Arten und Sorten vollenden die folgenden ihren Lebenszyklus innerhalb einer Vegetationsperiode und müssen daher jährlich neu angezogen werden.

CYPERUS GLABER
Einjähriges Zyperngras
Höhe: 40–50 cm, **Breite:** 30 cm
Wuchs: lockere Horste mit steif aufrechten Blütenstängeln.
Blatt: hellgrün bis frischgrün, steif, oft mit umgeknickten Blattspitzen.
Blüte: grün, kleine knäuelartige Blütenstände an kurzen Stielen entspringen den Stängelenden, von Juli bis September.
Standort: sonnig, gedeiht auf allen nährstoffreichen und nicht zu trockenen Böden.
Verwendung: in Sommerblumenbeeten, als Füllgras in gemischten Pflanzungen. Die Blütenstände lassen sich frisch und getrocknet in der Floristik verwenden.

HORDEUM JUBATUM
Mähnengerste
Höhe: 60–80 cm, **Breite:** 30 cm
Wuchs: locker horstartig, wie Getreide.
Blatt: schmal, frischgrün.
Blüte: Ähren mit langen Grannen, von Juni bis Juli. Bei der Reife der Samen färben sich die Ähren ins Strohgelbe um.
Standort: sonnig, auf jedem nährstoffreichen Boden. Am besten direkt im Beet aussäen.
Verwendung: in Sommerblumenpflanzungen und Blumenwiesen, hübsch als Beiwerk in Blumensträußen. Lässt sich auch getrocknet verwenden.

LAGURUS OVATUS
Hasenschwanzgras
Höhe: 50 cm, **Breite:** 30 cm
Wuchs: locker horstartig mit drahtigen Halmen.
Blatt: schmal, mittelgrün.

Blüte: wollige, ovale Blütenstände, die an puschelige Hasenschwänzchen erinnern, von Juni bis August.
Standort: sonnig, auf jedem nicht zu schwerem Boden. Eine Direktaussaat ist innvoll.
Verwendung: zwischen wildhaften Sommerblumen, in bunten Beeten, auch als Lückenfüller in naturnahen Staudenpflanzungen.

PANICUM MILIACEUM
Echte Hirse
Höhe: 100 cm, **Breite:** 60 cm
Wuchs: aufrechte Horste mit kräftigen Blütenhalmen.
Blatt: schmal, frischgrün, auch im oberen Halmbereich.
Blüte: überhängende, lockere Rispen, in braune Samenkörner übergehend, von Juli bis August.
Standort: sonnig, alle durchlässigen, nicht zu trockenen Böden.
Verwendung: in bunten Sommerblumenbeeten, als Lückenfüller in Staudenbeeten. Auch in der Floristik sehr gut zu verwenden.
Empfehlenswerte Sorten: 'Violaceum' besitzt besonders dekorative purpurrote Blütenrispen.

PENNISETUM SETACEUM
Purpur-Federborstengras
Höhe: 75 cm, **Breite:** 60 cm
Wuchs: aufrecht-horstbildend mit elegant überhängenden Halmen.
Blatt: schmal, mittelgrün.
Blüte: bogig überhängende fedrige Ähren, rosa bis violett gefärbt von Juni bis September.
Standort: sonnig, geschützt, alle trockenen bis mäßig frischen Böden.
Verwendung: als Füllpflanze im Staudenbeet, zwischen Sommerblumen, auch als Solitär in Töpfen sehr wirkungsvoll.
Empfehlenswerte Sorte: 'Rubrum' besitzt purpurviolettes Laub.

PENNISETUM VILLOSUM
Wolliges Federborstengras
Höhe: 60 cm, **Breite:** 50–60 cm
Wuchs: lockerwüchsig, mit unterirdischen Rhizomen. Eigentlich ein mehrjähriges Gras, wird aber in Mitteleuropa nur einjährig kultiviert.
Blatt: frisch-grün, schmal.
Blüte: rundliche dichte Rispen, die wie kleine silbrige Federbüschel aussehen; von August bis September.
Standort: sonnig, alle trockenen bis mäßig frischen Böden.
Verwendung: in Sommerblumenpflanzungen, im Steppenbeet zwischen Stauden. Auch in der Floristik gut zu verwenden.

Hordeum jubatum (oben links)
Die Mähnengerste hat anfangs frischgrüne, später strohgelbe Ähren mit langen Grannen.

Cyperus glaber (Mitte)
Das Einjährige Zyperngras hat knäuelige Blütenstände, die am Ende der Stängel erscheinen.

Pennisetum villosum (oben rechts)
Das Wollige Lampenputzergras blüht von August bis in den September.

Lagurus ovatus (gegenüber)
Die Blütenpuschel des Hasenschwanzgrases machen sich gut im Sommerblumenbeete und sind für den Vasenschnitt geeignet.

FARGESIA MURIELAE
Immergrüner Schirmbambus
Höhe: 3–4 m
Wuchs: horstig, dicht, Spitzen überhängend.
Halme: dünn, grün, gelb ausfärbend, dekorativ gefleckt, Spitze bogig.
Blätter: klein, mittelgrün, Zweige rötlich.
Standort: halbschattig bis sonnig.
Winterhärte: –18 bis –28 °C.
Verwendung: großer Solitär, als Hecke, Sichtschutz, am Teichrand, schnittverträglich, gute Kübelpflanze.

FARGESIA NITIDA
Glänzender Schirmbambus
Höhe: 3–4 m
Wuchs: horstig, gerade, dicht und kompakt; feines Laub.
Halme: grün, weiß bemehlt, später rötlich bis bräunlich, gerade, Spitze bogig, bis 1,5 cm dick.
Blätter: fest, sattgrün, klein, bis 6 cm lang und 0,8 cm breit, mit bläulicher Blattunterseite.
Standort: sonnig bis halbschattig, Wärme vertragend.
Winterhärte: –18 bis –26 °C.
Verwendung: Solitär, dekorativ am Teich und

Bambus

Bambusse gehören zu den immergrünen Gräsern und sorgen für exotisch-fernöstliches Flair im Garten.

Bachlauf, blickdichter Sichtschutz, Hecken, sehr schnittverträglich, pflegeleichte Kübelpflanze.

PHYLLOSTACHYS BISSETII

Grünhalm-Bambus

Höhe: 3–7 m.

Wuchs: leicht überhängend, Spitze bogig, dicht belaubt, buschig, ausläuferbildend.

Halme: junge Halme grau bemehlt, frischgrün, später glänzend olivgrün, im Alter und in der Sonne gelblich, anfangs dicht stehend, bis 2,5 mm dick.

Blätter: glänzend dunkelgrün, dicht; ausgewogene Blattmasse.

Standort: sonnig bis halbschattig, windverträglich. Für raues Klima geeignet.

Winterhärte: –20 bis –28 °C.

Verwendung: Solitär, Wind- und Sichtschutzhecken, Schnitthecken, schnittverträglich. Der winterhärteste und unempfindlichste Phyllostachys-Bambus. Pflanzung nur mit Rhizomsperre.

PHYLLOSTACHYS NIGRA

Schwarzhalm-Bambus

Höhe: 3–6 m

Wuchs: aufrecht, Spitzen überhängend, viele Ausläufer bildend.

Standort: sonnig, geschützt.

Halme: grün, dann dunkle Flecken, später schwarz ausfärbend, unterschiedliche Klone im Handel, die nicht alle vollständig schwarz ausfärben.

Blätter: klein, glänzend, dunkelgrün.

Winterhärte: –16° bis –22 °C.

Verwendung: Solitär, Hain, Sichtschutz, Hecke, schnittverträglich, bedingt als Kübelpflanze. Pflanzung nur mit Rhizomsperre.

PHYLLOSTACHYS VIVAX 'AUREOCAULIS'

Gelber Riesen-Bambus, Gelber Peking-Bambus

Höhe: 5–10 m

Wuchs: anfangs schräg, im Alter fast senkrecht, überhängend, starke Ausläufer bildend.

Standort: sonnig, geschützt.

Halme: Austrieb hellgelb, später leuchtend gelb bis ocker, unregelmäßige grüne Streifen, rillig, häufig brüchig, dicke Halme, bis 6 cm dick.

Blätter: mittelgroß, länglich; dekoratives volles Laub.

Winterhärte: –18 bis –22 °C.

Verwendung: Solitär, hoher Sichtschutz, Hain, bedingt als Kübelpflanze. Pflanzung nur mit Rhizomsperre.

***Fargesia* 'Jiuzhaigou'** (gegenüber)
Diese neue Sorte des Schirmbambus eignet sich hervorragend für dichte Sichtschutzhecken.

Phyllostachys aurea (unten links)
Der Gelbhalm-Bambus wird wie der Gelbe Riesen-Bambus verwendet, bleibt aber mit einer Höhe von 3 m deutlich kleiner .

Phyllostachys bissetii (Mitte)
Der Grünhalm-Bambus ist eine robuste Art mit sehr starkem Ausbreitungsdrang.

***Phyllostachys vivax* 'Aureocaulis'** (unten rechts)
Der Gelbe Riesen-Bambus besitzt leuchtend gefärbte Halme mit unübertroffener Fernwirkung.

PLEIOBLASTUS VIRIDISTRATUS
syn. *Pleioblastus auricomus*
Gelbbunter Buschbambus
Höhe: 50–100 cm
Wuchs: locker, flächig, viele Ausläufer bildend.
Halme: grün bis rötlich, fein, dünn.
Blätter: weich, goldgelb mit zahlreichen Streifen in verschiedenen Grüntönen, im Austrieb leuchtend.
Standort: halbschattig, in wärmeren Regionen auch schattiger, geschützt, dekoratives Farbenspiel von Mai bis September.
Winterhärte: –16 bis –25 °C.
Verwendung: Begleitpflanze zu Stauden und Gehölzen, dekorative Kübelpflanze. Pflanzung nur mit Rhizomsperre.

PSEUDOSASA JAPONICA
Pfeilbambus
Höhe: 3–5 m
Wuchs: aufrecht, Spitzen überhängend, viele Ausläufer bildend.
Halme: grün, in der Sonne rötlich ausfärbend, im Alter gelb, kräftig bis 1,5 cm dick, die dekorativen hellen Halmscheiden fallen im zweiten Jahr ab.
Blätter: frischgrün, glänzend, groß, bis 35 cm
Standort: halbschattig bis sonnig, Wind geschützt, vor kalten Ostwinden und Wintersonne schützen.
Winterhärte: –18 bis –27 °C, nach Schäden schnell wieder austreibend.
Verwendung: Solitär, Flächen, Sichtschutz, Hecke, bedingt als Kübelpflanze. Pflanzung nur mit Rhizomsperre.

SASA PALMATA
Palmblattbambus
Höhe: 100–150 cm
Wuchs: flächig, stark, viele Ausläufer bildend.
Halme: grün, im Alter gelb.
Blätter: sattgrün, glänzend, groß, bis 30 cm lang, fingerartig angeordnete Endblätter.
Standort: halbschattig bis sonnig.
Winterhärte: –18 bis –25 °C.
Verwendung: Unterpflanzung, Flächen, Hecken, robuste Begleitpflanze zu Bäumen und großen Sträuchern. Pflanzung in kleineren Gärten nur mit Rhizomsperre.
Ähnliche Art: *Sasa tsuboiana* wächst noch flächiger und hat etwas dunkleres Laub und dunklere Halme.

SASA VEITCHII
Silberrand-Zwergbambus
Höhe: 40–80 cm
Wuchs: dicht, kompakt, viele Ausläufer bildend.
Halme: dunkelgrün, dünn, stabil, sehr gerade.
Blätter: dunkelgrün, glänzend, ab dem Herbst trocknen die Blattränder ein und sorgen so für einen silbrigen Panaché-Effekt, der bis zum Frühjahr verbleibt.
Standort: halbschattig bis schattig, geschützt.
Winterhärte: –18 bis –24 °C.
Verwendung: Unterpflanzung, Flächen, Begleitpflanze zu Stauden, bedingt als Kübelpflanze. Sollte vor dem Neuaustrieb zurückgeschnitten werden, da die Pflanze sonst mit der Zeit zersaust wirkt. Pflanzung nur mit Rhizomsperre.

Pleioblastus viridistratus (links)
Der Gelbbunte Buschbambus eignet sich wegen seines niedrigen Wuchses auch als Bodendecker.

Pseudosasa japonica (Mitte)
Die großen, exotisch wirkenden Blätter des Pfeilbambus sind ein markantes Merkmal dieser Art.

Sasa tsuboiana (rechts)
Der Palmblattbambus benötigt viel Platz und sollte wie alle ausläuferbildenden Bambusse nur mit Rhizomsperre gepflanzt werden.

Damit Sie lange Freude an Gräsern haben, sollten Sie bereits beim Einkauf auf gute Qualität achten. Kräftige Pflanzen mit kräftigen, gesunden Wurzelballen garantieren üppiges Wachstum und viele Blüten, regelmäßige Pflege und ausreichende Düngergaben vorausgesetzt.

Pflanzen und Pflegen

Pflanzenmärkte und Tauschbörsen
Eine der besten Einkaufsquellen für besondere Pflanzen sind Raritätenbörsen.

Hochwertige Pflanzen sind buschig und haben gleichmäßig lange Triebe. Lange helle Triebe, die dazu noch spärlich belaubt sind, weisen auf zu dunklen Stand hin. Sie besitzen gesundes Laub mit der sortentypischen Blattfarbe, das keine Flecken, Pilzbeläge oder vergilbte Stellen aufweist. Welkes Laub ist ein Anzeichen dafür, dass die Pflanzen auf dem Transport zum Verkaufsort gelitten haben oder dass sie nicht ausreichend gegossen wurden. Abgeknickte Stängel sind ein Anzeichen für Transport- oder Lagerschäden.

Gesunde Gräser besitzen einen gut durchwurzelten Ballen, der weder zu feucht noch zu trocken sein sollte. Beim Herausziehen des Ballens aus dem Topf sind zahlreiche gesunde, helle Wurzeln zu erkennen und der Wurzelballen darf dabei nicht auseinanderfallen.

EINKAUFSQUELLEN

Örtliche Gärtnereien haben in der Regel ein gutes Standardsortiment. Meist pflegen sie einen intensiven Kontakt zu ihren Kunden und sind

Gräser erwerben

Gräser für den Garten können in Staudengärtnereien, Pflanzenmärkten oder Gartencentern erworben werden. Auch Tauschbörsen und das Internet sind mögliche Bezugsquellen.

dadurch auch über deren spezifische Wünsche gut informiert. Die Qualitätsstandards der Gärtnereibetriebe sind hoch, denn sie sind auf die Zufriedenheit der Kunden angewiesen, wenn sie diese langfristig an sich binden wollen. Gärtnereien beziehen ihre Ware in der Regel direkt von den Züchtern beziehungsweise von speziellen Vermehrungsbetrieben. Sie kultivieren die dort bezogenen Jungpflanzen weiter, um rechtzeitig zu Saisonbeginn verkaufsfertige Pflanzen anbieten zu können. Arten, die aus Samen vermehrt werden, werden jedoch auch häufig direkt in der Gärtnerei herangezogen.

Im Gartencenter erhalten Sie meist nur ein eingeschränktes Sortiment. Im Gegensatz zu Gärtnereien beziehen Gartencenter verkaufsfertige Ware von Großgärtnereien, die diese in den nötigen hohen Stückzahlen liefern können. Die Qualität ist normalerweise recht gut. Es kommt vor allen darauf an, dass die Pflanzen fachgerecht vom Personal gepflegt werden, solange sie am Verkaufsort stehen. Achten Sie also darauf, ob die angebotene Ware einen frischen, gepflegten Gesamteindruck macht.

Bei einer Versandgärtnerei Pflanzen zu bestellen, bedeutet Vertrauen in das Unternehmen zu setzen, denn Sie können die Pflanzen beim Kauf nicht sehen, sondern müssen sich darauf verlassen, dass die Qualität der Beschreibung oder den Abbildungen entspricht. Viele Unternehmen bieten den Kunden daher umfangreiche „Zufriedenheitsgarantien" an sowie die Option, Ware zurückzusenden, wenn sie nicht den Vorstellungen entspricht.

Eine gute Quelle besonders für ausgefallenere Raritäten sind auch Tauschbörsen und Pflanzenmärkte. Sie werden meist von Pflanzenliebhabergesellschaften oder Gartenbauvereinen veranstaltet, deren Mitglieder häufig einzelne Gattungen sammeln, vermehren und überzählige Exemplare verkaufen oder gegen andere Pflanzen eintauschen. Die Termine werden in der Tagespresse, im Internet oder auch in Gartenzeitschriften bekanntgegeben.

Pflanzen

Nach dem Erwerb sollten neue Pflanzen so schnell wie möglich im Garten gepflanzt werden, um ein rasches Anwachsen zu garantieren.

Nach dem Erwerb und nachdem der Pflanzplatz vorbereitet ist, können Sie mit dem Pflanzen beginnen. Stellen Sie die Gräser und Stauden, die sich zumeist in Töpfen befinden, neben das Beet. Falls Sie vorher einen Pflanzplan erstellt haben, übertragen Sie die vorgesehenen Abschnitte vom Plan mit Sand auf das Beet. Sie können auch die Töpfe nach dem Pflanzplan arrangieren, natürlich nicht im vorgesehenen Abstand, sondern dichter zusammen. Auf diese Weise haben Sie die Pflanzen gleich in der richtigen Reihenfolge parat. Nachdem die genaue Anordnung der Pflanzen feststeht, legen Sie sie an die vorgesehenen Stellen. Nach der Verteilung nehmen Sie die Pflanzen vorsichtig aus den Töpfen. Feuchte Ballen lassen sich einfacher aus dem Topf ziehen. Graben Sie mit einer kleinen Handschaufel ausreichend große Löcher, in die Sie die Wurzelballen oder Rhizome vorsichtig einsetzen, sodass die Pflanze genauso tief im Boden sitzt, wie sie im Topf stand. Drücken Sie die Pflanzen nun behutsam mit den Händen an. Dann ziehen Sie ganz leicht an den Pflanzen, um zu prüfen, ob sie wirklich fest in der Erde sitzen. Nach dem Pflanzen ausgiebig wässern – selbst wenn es regnet –, damit Hohlräume im Pflanzloch zugeschwemmt werden und so ein guter Wurzelschluss zwischen Wurzeln und Bodenpartikeln erreicht wird. In der ersten Zeit nach der Pflanzung sollten Sie regelmäßig und reichlich gießen, um ein gutes Anwachsen sicherzustellen.

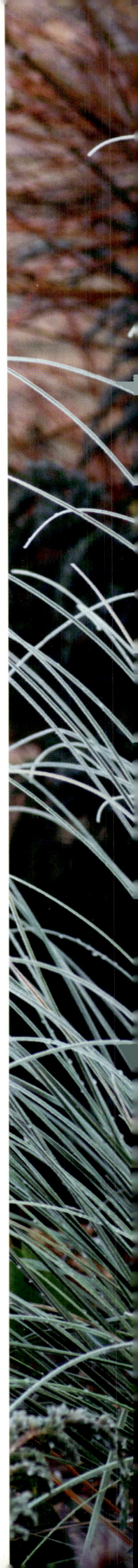

Pampasgras
Nur richtig gepflanze Gräser am für sie optimalen Standort entwickeln sich so prächtig.

Pflege

Gräser gehören zu den unkompliziertesten Gartenpflanzen überhaupt. Eine regelmäßige Pflege danken sie dennoch mit üppigem Wachstum und schönen Blüten.

Rückschnitt im Frühjahr
Die Forsythienblüte markiert einen wichtigen Zeitpunkt im jährlichen Arbeitskalender im Gräsergarten. Abgestorbenes Laub des Vorjahrs wird nun kurz vor dem Neuaustrieb entfernt.

Besonders in der ersten Zeit nach der Pflanzung, wenn die Pflanzen noch klein sind und große Lücken im Beet bestehen, ist es sinnvoll, die Bodenoberfläche mit einer Mulchschicht zu bedecken. Einerseits wird dadurch die Feuchtigkeit besser im Boden gehalten, andererseits keimen unter der Mulchdecke weniger Unkräuter. Die Mulchdecke sollte dazu aber mindestens 5–7 cm dick sein. Als Mulchmaterial eignen sich gut verrottete Rindenhäcksel, Laubkompost oder auch kleingehacktes Stroh, das man am besten mit Laub vermischt.

Dabei gilt zu beachten, dass bei der allmählichen Zersetzung der organischen Mulchmaterialien die Bodenlebewesen dem Boden Nährstoffe entziehen. Daher ist eine Zusatzgabe von Hornspänen sinnvoll. Verwenden Sei dazu etwa 80 g/m^2. Nach zwei bis drei Jahren hat sich die Mulchschicht zersetzt und muss erneuert werden.

Falls Sie nicht mulchen, müssen Sie den Boden regelmäßig hacken und aufkeimende Unkräuter entfernen.

Pflanzen entziehen dem Boden während des Wachstum ständig Nährstoffe, die ihm daher regelmäßig wieder zugeführt werden müssen. Bei der Neuanlage ist auch eine vorherige Grunddüngung sinnvoll, die am besten aus organischem Material bestehen sollte. Wenn Sie Kompost verwenden, sollten Sie beachten, dass dieser nicht zu üppig ausgebracht wird. Eine 1–2 cm dicke Schicht, die oberflächlich in den Boden eingearbeitet wird, ist dabei völlig ausreichend.

Generell gilt: Dem Boden muss nur so viel an Nährstoffen zugeführt werden, wie ihm die Pflanzen entziehen. Bei zu reichlichen Düngergaben kann der Boden versalzen und durch ausgewaschene Nährstoffe wird das Grundwasser belastet. Genaue Empfehlungen bezüglich Menge und Zusammensetzung erhalten Sie, wenn Sie Bodenproben an eine der Untersuchungsanstalten senden, die Bodenanalysen vornehmen.

Rückschnitt mit der Heckenschere
Der Rückschnitt der alten Halme muss vor dem Neuaustrieb durchgeführt werden – entweder im Spätwinter oder im zeitigen Frühjahr.

Schnittmaßnahmen bei Gräsern beschränken sich in der Regel auf einen Rückschnitt vor Beginn der neuen Vegetationsperiode, also im Frühjahr. Spätestens jetzt werden auch die Blüten- und Samenstände des Vorjahrs komplett abgeschnitten. Manche Gräser vertragen im Sommer einen radikalen Rückschnitt bis zum Boden, vor allem frühlingsblühende Schattengräser, die nach der Blüte unansehnlich werden können. Blütenstände vor der Samenreife abzuschneiden kann dann sinnvoll sein, wenn die Gefahr besteht, dass sich unerwünschte Sämlinge ausbreiten und wertvolle Sorten auf lange Sicht verdrängt werden.

Vermehrung

Gräser lassen sich vegetativ, also durch Teilung, oder generativ durch Aussaat vermehren.

Die meisten Gräser werden vegetativ, das heißt durch Teilung vermehrt. Die filzigen Wurzelstöcke lassen sich recht einfach mit dem Spaten oder einer Grabegabel in zwei oder auch mehr Stücke zerteilen. Der beste Zeitpunkt ist entweder das Frühjahr oder der Herbst. Achten Sie darauf, dass die Teilstücke genügend Wurzelmasse haben, damit sie schnell anwachsen. Ebenso dürfen die Wurzelballen der Teilstücke nicht längere Zeit ungeschützt liegen bleiben, da sie sonst austrocknen und geschädigt werden können.

Beim Teilen gehen Sie wie folgt vor: Stechen Sie mit dem Spaten großzügig um die Pflanze herum und lockern Sie dann die Erde unter und neben dem Ballen. Ziehen Sie die Pflanze heraus oder versuchen Sie sie durch die Hebelwirkung des Spatens herauszudrücken. Nun können Sie den Stock mit einer Grabegabel nach Wunsch in mehrere Stücke teilen. Die Teilstücke werden am besten sofort in die vorbereiteten Pflanzlöcher am neuen Standort eingepflanzt.

Einjährige Gräser können nur durch Samen vermehrt werden. Sorten vermehrt man besser durch Teilung, reine Arten lassen sich sowohl durch Aussaat als auch durch Teilung vermehren.

AUSSAAT AUF DER FENSTERBANK

Für die Aussaat auf der Fensterbank bieten sich verschiedenste Anzuchtgefäße an. Wenn Sie nur eine kleinere Anzahl an Pflanzen heranziehen wollen, können Sie durchaus auf haushaltsübliche Behälter wie Jogurtbecher oder Champignonkistchen aus Kunststoff zurückgreifen. Die Samen sät man am besten breitwürfig in Saatkistchen aus. Im Handel werden hierfür spezielle Kisten aus Styropor angeboten, die mehrmals verwendet werden können. Die üblichen Maße dieser Kisten sind 20 x 30 cm oder auch 15 x 20 cm.

AUSSAAT IM FRÜHBEET

Wer eine größere Anzahl an Pflanzen heranziehen möchte, sollte die Anschaffung eines Frühbeets ins Auge fassen. Es lässt sich leicht in einem Beet an geschützter Stelle aufstellen und kann im Frühsommer, wenn es nicht mehr benötigt wird, aus dem Weg geräumt werden. Frühbeete bestehen aus einem 30–40 cm hohen Rahmen, der mit Glasscheiben abgedeckt wird. Viele Hersteller bieten fertige Frühbeetkästen an, doch kann jeder begabte Heimwerker sie leicht selber bauen. Man benötigt dazu lediglich entsprechend hohe Bretter, Verbindungswinkel und Glas- oder Kunststoffscheiben im Rahmen. Dafür eignen sich sogar alte ausrangierte Fensterscheiben. Wenn die Sämlinge eine entsprechende Größe haben und regelmäßig belüftet werden müssen, legt man einfach Abstandhalter zwischen die Wände und das Glas.

ABHÄRTEN UND AUSPFLANZEN

Nachdem die Jungpflanzen durch regelmäßiges Lüften oder zeitweises Aufstellen im Freien an die Witterungsbedingungen des Gartens angepasst wurden, kann man sie direkt ins Beet setzen. Bis sie sich etabliert haben, verlangen sie eine aufmerksame Pflege, damit sie nicht von Unkraut oder benachbarten Pflanzen überwuchert werden.

Gräser teilen – 1
Vorsichtig wird der Gräserhorst mit einem Spaten großzügig umstochen.

Gräser teilen – 2
Ist der Wurzelballen aus dem Boden gelöst, kann man die Pflanze aus dem Loch herausheben.

Gräser teilen – 3
Je nach Größe des Horstes zerlegt man diesen in zwei oder mehr ausreichend große Teilstücke, die wiederum schnellstmöglich am neuen Standort eingepflanzt werden sollten.

Gräser für jeden Standort

Art	Deutscher Name	Standort	Höhe x Breite (cm)	Sortenempfehlung	Besonderheiten	Seite
Anemanthele lessoniana	Fasanenschwanz-Gras	sonnig, halbschattig, schattig	100 x 70	'Golden Hue'	goldgelbe Herbstfärbung	108
				'Autumn Tints'	rote Herbstfärbung	108
Arundo donax	Pfahlrohr	sonnig	400 x 150	'Versicolor'	bedingt winterhart	108
Bouteloua gracilis	Moskitogras	sonnig	40 x 30		durchlässiger Boden	109
Calamagrostis × acutiflora	Garten-Sandrohr	sonnig	180 x 50	'Karl Foerster'	straffer Wuchs	109
				'Waldenbuch'	niedriger, kompakter Wuchs	109
Calamagrostis brachytricha	Diamant-Reitgras	sonnig, halbschattig	120 x 80		früher Austrieb	110
Carex buchananii	Fuchsrote Segge	sonnig		f. *viridis* 'Green Twist'	wintergrün	110
Carex caryophyllacea		halbschattig	25 x 30	'The Beatles'	wintergrün	126
Carex comans	Neuseeland-Segge	sonnig	40 x 60	'Bronze Form'	für feuchtere Standorte	111
Carex elata	Steife Segge	halbschattig	60 x 60	'Aurea', 'Knightseye'	auch für feuchte Standorte	126
Carex grayii	Morgenstern-Segge	halbschattig	60 x 50		dekorative Samenstände	126
Carex morrowii	Japan-Segge	halbschattig, schattig	50 x 30	'Ice Dance'	Bodendecker	127
Carex muskingumensis	Palmwedel-Segge	halbschattig, sonnig	70 x 50	'Silberstreif', 'Wachtposten'	für den Teichrand	127
Carex oshimensis	Gelbbunte Segge	schattig	25 x 40	'Evergold'	empfindlich gegen Wintersonne	132
Carex pendula	Hänge-Segge	halbschattig, schattig	120 x 80		sehr robust, schöne Blüte	127
Carex plantaginea	Breitblatt-Segge	schattig	30 x 30		wintergrün	133
Carex siderosticha	Sommergrüne Breitblatt-Segge	schattig	30 x 30	'Variegata'	Bodendecker	133
Chasmanthium latifolium	Plattährengras	halbschattig	100 x 50		schöner Herbstaspekt	128
Chrysopogon gryllus	Goldbart	sonnig	180 x 80		wärmeliebend	112
Cortaderia selloana	Pampasgras	sonnig	250 x 200	'Pumila'	Winterschutz nötig	113
Cyperus glaber	Einjähriges Zyperngras	sonnig	50 x 30		einjährig	134
Deschampsia caespitosa	Rasenschmiele	halbschattig	100 x 80	'Goldgehänge', 'Tauträger'	„Schleiergras"	129
Fargesia murielae	Immergrüner Schirmbambus	halbschattig, sonnig	400 x 300	'Jumbo'	Bambus, immergrün	136
Fargesia nitida	Glänzender Schirmbambus	sonnig, halbschattig	400 x 300		Bambus, immergrün	136
Festuca amethystina	Regenbogen-Schwingel	sonnig	50 x 30		wintergrün	113
Festuca cinerea	Blau-Schwingel	sonnig	30 x 20	'Blauglut', 'Azurit', 'Golden Toupet'	grünlaubige Sorten vertragen mehr Feuchtigkeit	113
Festuca gautieri	Bärenfell-Schwingel	sonnig, halbschattig	30 x 40	'Pit Carlit'	im Winter vor Sonne schützen	114
Festuca mairei	Atlas-Schwingel	sonnig	100 x 80		Rosenbegleiter	114
Hakonechloa macra	Japan-Waldgras	halbschattig, schattig	30 x 50	'Aureola', 'Albostriata'	liebt kühlen Standort	129
Helicotrichon sempervirens	Staudenhafer	sonnig	120 x 60	'Saphirsprudel'	für nährstoffarme Böden	115
Hordeum jubatum	Mähnengerste	sonnig	80 x 30		einjährig	134
Imperata cylindrica	Japanisches Blutgras	sonnig	40 x 30	'Red Baron'	keine Blüte in Mitteleuropa	115
Juncus effesus	Flatter-Binse	sonnig	80 x 50	'Spiralis'	für den Teichrand	117
Lagurus ovatus	Hasenschwanzgras	sonnig	50 x 30		einjährig	134

Art	Deutscher Name	Standort	Höhe x Breite (cm)	Sortenempfehlung	Besonderheiten	Seite
Leymus arenarius	Blau-Strandhafer	sonnig	100 x 80		für sandigen Boden	117
Luzula nivea	Schnee-Marbel	schattig, halbschattig	40 x 20		Trockenheit vertragend	133
Luzula sylvatica	Wald-Marbel	schattig	80 x 40	'Aurea', 'Tauernpass'	Wurzeldruck vertragend	133
Melica altissima	Riesen-Perlgras	sonnig, halbschattig	100 x 60	'Atropurpurea'	schwarze Samen	117
Melica ciliata	Wimpern-Perlgras	sonnig	60 x 40		kalkliebend	117
Milium effesum	Flattergras	halbschattig	40 x 40	'Aureum'	Akzentpflanze	130
Miscanthus sinensis	Garten-Chinaschilf	sonnig	200–300 x 150	'China', 'Graziella', 'Gnom', 'Flamingo' u.a.	wichtiger Strukturbildner	118
Molinia caerulea	Riesen-Pfeifengras	halbschattig	200 x 70	'Heidebraut', 'Strahlen-quelle', 'Edith Dudzus'	schöner Winteraspekt	130
Nasella tenuissima	Flaumhaar-Federgras	sonnig	60 x 60		durchlässiger Boden, Winterschutz	120
Panicum miliaceum	Echte Hirse	sonnig	100 x 60		einjährig, Vogelfutterpflanze	120
Panicum virgatum	Rutenhirse	sonnig	100 x 50	'Heavy Metal', 'Shenendoa', 'Strictum'	schöne Herbstfärbung	135
Pennisetum alopecuroides	Lampenputzergras	sonnig	80 x 70	'Hameln', f. *viridescens*	lange Blüte	121
Pennisetum setaceum	Purpur-Federborstengras	sonnig	75 x 60	'Violaceum'	einjährig	135
Pennistum villosum	Wolliges Federborstengras	sonnig	60 x 60		einjährig	135
Phalaris arundinacea	Rohr-Glanzgras	sonnig	120 x 80	'Freesy's Form'	für den Teichrand, wuchert!	121
Phyllostachys bissetii	Grünhalm-Bambus	sonnig, halbschattig	700 x 300		Bambus, immergrün	137
Phyllostachys nigra	Schwarzhalm-Bambus	sonnig	600 x 300		Bambus, immergrün	137
Phyllostachys vivax	Gelber Riesen-Bambus	sonnig	1000 x 300	'Aureocaulis'	Bambus, immergrün	137
Pleioblastus viridistratus	Gelbbunter Buschbambus	halbschattig, schattig	100 x 50		Bambus, immergrün	138
Pseudosasa japonica	Großblättriger Bambus	halbschattig, sonnig	500 x 300		Bambus, immergrün	138
Sasa palmata	Palmblattbambus	halbschattig, sonnig	150 x 200		Bambus, immergrün	139
Sasa veitchii	Silberrand-Zwergbambus	halbschattig, schattig	80 x 200		Bambus, immergrün	139
Schizachyrium scoparium	Kleines Präriegras	sonnig	120 x 50		schöne Herbstfärbung	122
Schoenoplectus lacustris	Teichsimse	sonnig	100 x 70	'Albescens'	für den Teichrand, wuchert!	122
Sesleria heuffleriana	Blaugrünes Kopfgras	halbschattig	50 x 60		auch für Steingärten	131
Sesleria nitida	Nest-Kopfgras	sonnig	40–80 x 50		für Moorbeete	122
Sorghastrum nutans	Goldbartgras	sonnig	150 x 50		spät austreibend, für Präriepflanzungen	122
Spartina pectinata	Goldleistengras	sonnig, halbschattig	150 x 100	'Aureomarginata'	für den Teichrand	124
Spodiopogon sibiricus	Zottenraugras	halbschattig, sonnig	150 x 40	'West Lake'	straffer Wuchs	131
Stipa calamagrostis	Silberährengras	sonnig	90 x 80	'Algäu', 'Lemperg'	kalkliebend	124
Stipa capillata	Haar-Federgras	sonnig	80 x 50		kalkliebend	124
Stipa gigentea	Riesen-Federgras	sonnig	200 x 50		wintergrün, wärmeliebend	125
Stipa pulcherrima ssp. nudicosta	Reiher-Federgras	sonnig	100 x 50		für durchlässige Böden	125

BEZUGSQUELLEN
nach Postleitzahlen sortiert

Deutschland

Foerster-Stauden
Am Raubfang 6
14469 Potsdam-Bornim
www.foerster-stauden.de

Perenna-Staudengärtnerei
Bahnhofstraße 5
14550 Groß Kreutz
www.perenna.de

Staudengärtnerei Mühring
Hauptstraße 167
26810 Westoverledingen

Friedrich Cahmel
Im Grundfeld 5
29399 Wahrenholz/Betzhorn

Stauden Siebler
Am Toggraben 1
29690 Schwarmstedt
www.stauden-siebler.de

Staudengärtnerei Zinser
Burgwedeler Straße 18
30919 Isernhagen
www.stauden-zinser.de

Staudengärtnerei Klose
Rosenstraße 10
34253 Lohfelden b. Kassel

Baltin Stauden
Mörser Straße 29
38442 Wolfsburg

Staudengärtnerei Arends-Maubach
Monschaustraße 76
42369 Wuppertal

Stade Staudenkulturen
Beckenstrang 24
46325 Borken-Marbeck
www.stauden-stade.de

Osnabrücker Staudenkulturen
Linner Kirchweg 2
49143 Bissendorf
www.osnabruecker-staudenkulturen.de

Grasland
Im Rosengarten 19
51381 Leverkusen
www.gras-land.de

Ziergräser Hensen
Degerstraße 19
52441 Linnich-Boslar
www.ziergraeser-hensen.de

Kirschenlohr Staudengärtnerei
Andreas Kirschenlohr
Im Lammsbauch 28
67346 Speyer
www.stauden-kirschenlohr.de

Wildgrassamen Rieger-Hofmann GmbH
In den Wildblumen 7
74572 Blaufelden-Raboldshausen
www.rieger-hofmann.de

Staudengärtnerei Gaissmayer
Jungviehweide 3
89257 Illertissen
www.gaissmayer.de

Staudengärtnerei Hermann Näpfel
Äußere Nürnberger Straße 99
91710 Gunzenhausen

Österreich

Sarastro-Stauden
Ort 131
A-4974 Ort im Innkreis
www.sarastro-stauden.com

Mattuschka Staudengärtnerei
Emmersdorferstraße 86
A-9061 Klagenfurt/Wölfnitz
www.mattuschka.at

REGISTER

halbfette Seitenzahlen verweisen auf Abbildungen

IMPRESSUM

GmbH & Co. KG
Streitfeldstraße 35
81673 München
www.callwey.de
E-Mail: buch@callwey.de

Die Deutsche Nationalbibliothek verzeichnet diese Publikation in der Deutschen Nationalbibliografie; detaillierte bibliografische Daten sind im Internet über http://dnb.de abrufbar.

ISBN 978-3-7667-1795-5

Projektmanagement: Kullmann & Partner GbR, Stuttgart
Umschlaggestaltung: independent Medien-Design, München
Layout und Satz: Daniela Petrini, München
Druck und Bindung: Fotolito Longo, Bozen
Printed in Italy

BILDNACHWEIS

Mit 180 Fotos
Katharina Adams, Linnich (7): 16, 67 u, 89 re, 55, 56, 135 Mitte, 148
Jürgen Becker, Hilden (12): 4/5 (Garten Janke, Gartenkonzepte, D), 9 (Design: Oudolf, NL), 28 u (Garten Janke, Gartenkonzepte, D), 48 (Garten Van Steeg, Design: Oudolf, NL), 54 (Gruga Park Essen, D), 80 (Garten de Sy/de Smet, B), 87 beide (Garten Oudolf, NL), 95 o (Grugapark, Essen, D), 95 u (Garten t Hof, Overwellingen, NL), 104/105 (Grugapark, Essen, D), 142/143 (Garten Dahlhuisen, NL)
Daniel Böswirth und Alice Thinschmidt, Wien (7): 8, 15 o, 23, 32 u, 91, 92, 96/97
Christa Brand, Ismaning (15): 14, 32, 34, 42/43, 46/47, 47, 59 o, 64/65, 67 o, 69, 73 o, 78/79, 88, 98, 100 u
Julia Fink/fotolia.com (1): Grashalm im Hintergrund der Seiten 4/5, 40/41, 56/57, 62/63, 76/77, 86/87, 145–159
Modeste Herwig, NL-Soest (56): 93, 106, 107 beide, 108, 109 beide, 110, 111, 112 beide, 113 beide, 114 beide, 115 beide, 116, 117, 118 beide, 119 alle 3, 120 alle 3, 121 alle 3, 122 beide, 123, 124, 125 beide, 126, 127 beide, 128, 129 beide, 130, 131, 132, 133, 134, 135 li, 135 re, 136, 137 alle 3, 138, 139 beide
Anne Humburg (3): 10 alle 3
Norbert Kühn (1): 76 li
Stefan Leppert, Münster (4): 62 beide, 63 beide
Marianne Majerus, London (4): 35 u, 44/45, 58, 89 li
Volker Michael, Baesweiler (14): 15 u, 30, 38 o, 44, 49 u, 53, 59 o, 82, 83, 84/85, 86, 90, 100 o, 144
Marion Nickig, Essen (13): 17, 26, 37 beide, 38 u, 40, 41 beide, 51, 52, 72, 81, 76/77
Reinhard-Tierfoto/Hans Reinhard, Heiligkreuzsteinach-Eiterbach (22): 1, 2/3, 11, 12, 12/13, 18, 19, 20 beide, 21, 22, 31, 36, 66, 75, 77, 146, 147, 149 alle 3, 152/153
Reinhard-Tierfoto/Nils Reinhard, Heiligkreuzsteinach-Eiterbach (1): 27
Karl-Heinz Rücker, Stuttgart (2): 56 li, 86 li
Annette Timmermann, Kalübbe (18): 6/7, 24/25, 28 o, 29, 32 o, 35 o, 48, 49 o, 49 o, 60/61, 68, 70/71, 73 u, 94, 99, 101, 102/103, 145